U0176486

普通高等教育计算机类专业教材

C++程序设计实践教程
（第三版）

主　编　刘卫国　曹岳辉

副主编　李小兰

中国水利水电出版社
www.waterpub.com.cn

·北京·

内 容 提 要

本书是与《C++程序设计》（第三版）配套的教学参考书，全书包括实验指导、章节练习和程序设计实践——MFC 基础 3 部分内容。在实验指导部分设计了 15 个实验，这些实验和课程内容紧密配合，可帮助读者更好地掌握 C++程序设计的方法。章节练习部分为帮助读者进行课外练习而编写，是课程学习或参加各种计算机考试的辅助材料。程序设计实践——MFC 基础部分介绍 MFC 的基本知识，旨在帮助读者掌握 C++应用系统的开发方法和技巧。

本书内容丰富、实用性强，既可作为高等学校程序设计课程的教学参考书，又可供社会各类计算机应用人员阅读参考。

图书在版编目（ＣＩＰ）数据

C++程序设计实践教程 / 刘卫国，曹岳辉主编. -- 3版. -- 北京 ： 中国水利水电出版社，2022.12（2023.7 重印）
普通高等教育计算机类专业教材
ISBN 978-7-5226-1116-7

Ⅰ．①C… Ⅱ．①刘… ②曹… Ⅲ．①C++语言－程序设计－高等学校－教材 Ⅳ．①TP312.8

中国版本图书馆CIP数据核字(2022)第215986号

策划编辑：周益丹　　　　责任编辑：王玉梅　　　　封面设计：梁　燕

书　　名	普通高等教育计算机类专业教材 **C++程序设计实践教程（第三版）** C++ CHENGXU SHEJI SHIJIAN JIAOCHENG
作　　者	主　编　刘卫国　曹岳辉 副主编　李小兰
出版发行	中国水利水电出版社 （北京市海淀区玉渊潭南路 1 号 D 座　100038） 网址：www.waterpub.com.cn E-mail：mchannel@263.net（答疑） 　　　　sales@mwr.gov.cn 电话：（010）68545888（营销中心）、82562819（组稿）
经　　售	北京科水图书销售有限公司 电话：（010）68545874、63202643 全国各地新华书店和相关出版物销售网点
排　　版	北京万水电子信息有限公司
印　　刷	三河市鑫金马印装有限公司
规　　格	184mm×260mm　16 开本　15.25 印张　381 千字
版　　次	2008 年 3 月第 1 版　2008 年 3 月第 1 次印刷 2022 年 12 月第 3 版　2023 年 7 月第 2 次印刷
印　　数	3001—6000 册
定　　价	38.00 元

再版前言

    C++程序设计是一门实践性非常强的课程。学习 C++程序设计，上机实验和课程练习是十分重要的环节。通过不断的上机实验和大量的练习，读者可以加深理解和巩固课程学习内容，更好地熟悉 C++的语法规则，掌握 C++程序设计的方法，培养程序设计和应用开发能力。

    本书是与《C++程序设计》（第三版）配套的实践教材，全书包括实验指导、章节练习和程序设计实践——MFC 基础 3 部分内容。

    为了方便读者上机练习，在实验指导部分设计了 15 个实验。这些实验和课程教学紧密配合，具有针对性，可帮助读者更好地掌握 C++程序设计的方法。为了达到理想的实验效果，读者在实验前应认真准备，根据实验目的和实验内容复习好实验中用到的知识，想好编程的思路，做到胸有成竹，提高上机效率；实验过程中积极思考，分析程序的执行结果以及各种屏幕提示信息的含义、出现的原因并提出解决办法；实验后认真总结，总结本次实验有哪些收获，还存在哪些问题。

    章节练习为帮助读者进行课外练习而编写，对于参加各种计算机考试的读者来说，这部分内容也是很好的辅助材料。这一部分以课程学习为线索，编写了十分丰富的习题并给出了参考答案。在使用这些题解时，读者应重点理解和掌握与题目相关的知识点，而不要死记答案；应在阅读教材的基础上来做题，通过做题达到强化、巩固和提高的目的。

    程序设计实践——MFC 基础介绍 MFC 的基本知识，旨在帮助读者掌握 C++应用系统的开发方法和技巧。本部分通过对几个小型 C++应用程序实例设计与实现过程的分析，帮助读者掌握利用 C++开发应用系统的一般设计方法与实现步骤。

    程序设计和应用开发能力的提高，需要不断的上机实践和长期的积累。读者在上机实验和学习过程中会碰到各种各样的问题，分析问题和解决问题的过程就是经验积累的过程。通过课程学习、上机操作、作业练习以及系统开发等多个环节的训练，读者在学完本课程后会有很大的收获，大大提高计算机应用开发能力。

    本书内容丰富、实用性强，既可作为高等学校程序设计课程的教学参考书，又可供社会各类计算机应用人员阅读参考。

    本书由刘卫国、曹岳辉任主编，李小兰任副主编。参编人员有蔡旭晖、杨长兴、李利明、周春艳、严晖、周欣然、吕格莉等。在本书编写过程中，编者得到了中南大学计算机基础教学实验中心全体教师的大力支持，在此表示衷心的感谢。

    由于编者学识水平有限，书中的疏漏在所难免，恳请广大读者批评指正。

编 者

2022 年 7 月

目　　录

第 1 章　实验指导

实验 1　C++基础

一、实验目的

1．熟悉 Visual Studio 集成开发环境的使用方法。
2．掌握 C++程序的结构特征与书写规则。
3．掌握 C++基本数据类型以及各种常量的表示方法、变量的定义和使用规则。
4．掌握 C++的各种运算符的运算规则与表达式的书写方法。
5．熟悉不同类型数据运算时，数据类型的转换规则。

二、实验内容

1．创建一个控制台项目文件 test，在项目中输入下列程序，练习 Visual Studio 环境下 C++程序的编辑、编译、连接和运行。

```cpp
#include <iostream>
using namespace std;
int main()
{
    cout<<"This is the first C++ program."<<endl;
    return 0;
}
```

操作步骤：

（1）启动 Visual Studio。在 Windows 系统桌面，单击"开始"按钮，再选择"Visual Studio 2022"选项，进入 Visual Studio 2022 启动窗口（如果使用其他 Visual Studio 版本，操作方法类似）。

（2）创建新项目。

1）在 Visual Studio 启动窗口选择"创建新项目"选项，打开"创建新项目"对话框（如果已经在 Visual Studio 环境中，则选择"文件"→"新建"→"项目"菜单项，打开"创建新项目"对话框）。

2）选择"空项目"或"控制台应用"选项，单击"下一步"按钮进入"配置新项目"对话框。

3）输入项目名称 test、位置及解决方案名称（一般与项目名称相同），单击"创建"完成项目创建过程。

（3）创建 C++源程序文件。如果在创建新项目时选择的是"控制台应用"选项，则在项目中自动产生一个和项目名称同名的源程序文件，并在编辑器中打开该文件。如果选择的是"空项目"选项，则需要在项目里添加源程序文件，步骤如下：

1）右击项目中的"源文件"，在快捷菜单中选择"添加"→"新建项"菜单项，打开"添加新项"对话框，选择"C++文件(.cpp)"，然后在"名称"和"位置"输入框中分别输入源程序的文件名和存放位置。

2）单击"添加"按钮，则创建完成了一个源程序文件，并打开该源程序的编辑窗口。

3）在 C++源程序编辑窗口下编辑 C++源程序。

（4）编译、连接和运行源程序。

1）选择"生成"→"编译"菜单项，这时系统开始对当前的源程序进行编译，生成对应的 obj 目标文件。在编译过程中，系统检查源程序中有无语法错误，然后在输出窗口显示生成信息。如果程序没有语法错误，则生成执行文件 test.exe，并在输出窗口中显示以下信息：

```
已启动生成…
1>-------已启动生成：项目：test，配置：Debug x64
1>test.cpp
1>test.vcxproj->G:\...\test01.exe
=====生成：成功 1 个，失败 0 个，最新 0 个，跳过 0 个=====
```

有时出现"警告"（warning），不影响程序执行。假如有"错误"（error），则会指出错误的位置和信息，双击某行出错信息，程序窗口会指示对应出错位置，可根据信息窗口的提示分别予以修改。

选择"生成"→"生成××"菜单项可以把目标文件和系统提供的资源（如库函数、头文件等）连接起来，生成 exe 可执行文件。

2）通常单击 Visual Studio"标准"工具栏的"开始执行（不调试）"绿色三角按钮，或选择"调试"→"开始执行（不调试）"菜单项，或按 Ctrl+F5 组合键，一次完成编译、连接和运行操作。控制台应用程序运行时，会自动弹出数据输入/输出窗口。

2．阅读程序，分析其运行结果并上机验证。去掉程序中的注释标志后，重新运行程序，分析结果的差异。

```cpp
#include <iostream>
using namespace std;
int main()
{
    //cout<<"      *"<<'\n';
    cout<<"     ***"<<endl;
    cout<<"   *****\n";
    cout<<" *******\n";
    return 0;
}
```

3．下面是一个加法程序，程序运行时等待用户从键盘输入两个整数，然后求出它们的和并输出。分析运行结果，并上机验证程序。

```cpp
#include <iostream>
using namespace std;
int main()
{
```

```
    int a,b,c;
    cout<<"Please input a,b:";
    cin>>a>>b;                          //输入数据时，数据之间用空格分隔
    c=a+b;
    cout<<a<<'+'<<b<<'='<<c<<endl;
    return 0;
}
```

4．给出以下程序，分析它们的输出并上机验证。

（1）
```
#include <iostream>
using namespace std;
int main()
{
    int a=6,b=13;
    cout<<(a+1,b+a,b+10)<<endl;         //如果将圆括号去掉，结果会怎样
    return 0;
}
```

（2）
```
#include <iostream>
using namespace std;
int main()
{
    int m=18,n=3;
    float a=27.6,b=5.8,x;
    x=m/2+n*a/b+1/4;
    cout<<x<<endl;
    return 0;
}
```

（3）
```
#include <iostream>
using namespace std;
int main()
{
    int x,y,n;
    x=y=1;
    n=--x&&++y;
    cout<<"n="<<n<<" x="<<x<<" y="<<y<<endl;
    n=(--x)||(++y);
    cout<<n<<endl;
    cout<<"x="<<x<<" y="<<y<<endl;
    return 0;
}
```

（4）
```
#include <iostream>
using namespace std;
int main()
{
    int a,b,c,x;
    a=15,b=18,c=21;
```

```
        x=a<b || c++;
        cout<<"x="<<x<<"c="<<c<<'\n';
        return 0;
    }
```

5. 编译下列程序。

```
#include <iostream>
using namespace std;
int main()
{
    int i=23,j;
    s=i+j;                    //变量 j 没有值，s 没有定义
    cout<<"s="<<s<<endl;
    return 0;
}
```

完成下列操作：

（1）编译时会出现编译信息，分析编译信息的含义，修改后再编译程序。

（2）运行程序，并分析输出结果。

三、实验思考

1. 输入并运行下面的程序。

```
#include <iostream>
using namespace std;
int main()
{
    char c,h;
    int i,j;
    c='a';
    h='b';
    i=97;
    j=98;
    cout<<c<<h<<i<<j<<endl;
    return 0;
}
```

2. 分析程序，并上机验证运行结果。

```
#include <iostream>
using namespace std;
int main()
{
    cout<<"Testing...\n..1\n...2\n....3\n";
    return 0;
}
```

3. 分析程序，并上机验证运行结果。

```
#include <iostream>
using namespace std;
int main()
```

```
        {
            int i=3,j=5,k,l,m=19,n=-56;
            k=++i;
            l=j++;
            m+= i++;
            n-=--j;
            cout<<i<<j<<k<<l<<m<<n<<endl;
            return 0;
        }
```

4．已知：a=2，b=3，x=3.9，y=2.3（a、b 为整型，x、y 为浮点型），求算术表达式 (float)(a+b)/2+(int)x%(int)y 的值，并上机验证。

5．已知：a=7，x=2.5，y=4.7（a 为整型，x、y 为浮点型），求逻辑表达式!x++ ‖ a%3*(int)(x+y)%2>4 的值，并上机验证。

6．编写程序，输入某大写字母的 ASCII 码值，输出该字母对应的小写字母。

实验 2　顺序结构与选择结构

一、实验目的

1．掌握 C++输入/输出的基本方法。
2．学会利用顺序结构编写简单程序。
3．熟悉利用 if 语句的各种形式来实现不同分支选择的方法。
4．掌握使用 switch 语句实现多分支选择的方法。

二、实验内容

1．请完善下列程序，使之实现以下功能。
（1）输入两个整数，分别存入 a、b 变量。
（2）计算并输出表达式 a/b 的值。
（3）计算表达式 double (a)/b 的值，并输出。
（4）不借助于第三个变量，交换 a 和 b 变量值并输出。

```
        #include <iostream>
        #include <iomanip>
        using namespace std;
        int main()
        {
            int a,b;
            cout<<"Please enter 2 numbers:";
            cin>>a>>b;
            cout<<"交换前：a="<<a<<";  b="<<b<<endl;
            cout<<"表达式 a/b="<<_____①_____<<endl;
            double x=_____②_____;
            cout<<"表达式 double(a)/b="<<setprecision(8)<<x<<endl;
```

```
        cout<<"表达式 double(a)/b="<<setiosflags(ios::scientific)<<x<<endl;
        // 交换 a 和 b
        a=a+b;
        _____③_____=a-b;
        _____④_____=a-b;
        cout<<"交换后：a="<<a<<", b="<<b<<'\n';
        return 0;
    }
```

2．下列程序的功能是输入一个字符，如果该字符是英文字母，则输出其 ASCII 码。要求可以输入任意字符。请完善该程序。

```
        #include <iostream>
        using namespace std;
        int main()
        {
            char c;
            cout<<"请输入一个字符：";
            cin>>_____①_____;
            if ((c>='A'&&c<='Z')||(_____②_____))
                cout<<(int)c<<endl;
            return 0;
        }
```

3．下列程序的功能是输入任意三个整数，求三个数中的最大值。请完善该程序。

```
        #include <iostream>
        using namespace std;
        int main()
        {
            int num1,num2,num3,max;
            cout<<"请输入三个整数：";
            cin>>num1>>num2>>num3;
            if(num1>num2)
                max=_____①_____;
            else
                max=_____②_____;
            if (_____③_____)
                max=num3;
            cout<< "三个整数中的最大值  max="<<_____④_____<<endl;
            return 0;
        }
```

4．从键盘输入 a、b、c，计算并输出一元二次方程 $ax^2+bx+c=0$ 的解。

分析：根据方程的系数求解，存在下面几种情况。

① a=0，不是二次方程。

② $b^2-4ac=0$，有 2 个相等的实根。

③ $b^2-4ac>0$，有 2 个不等的实根。

④ $b^2-4ac<0$，有 2 个共轭复根。

参考程序如下：

```
#include <iostream>
#include <cmath>
using namespace std;
int main()
{
    float a,b,c,disc,x1,x2,realpart,imagepart;
    cout<<"请输入二次项系数、一次项系数和常数项：";
    cin>>a>>b>>c;
    if (fabs(a)<=1e-6)
        cout<<"此方程不是一元二次方程"<<endl;
    else
    {   disc=b*b-4*a*c;
        if (fabs(disc)<=1e-6)
        {   x1=-b/(2*a);
            cout<<"方程有 2 个相等的实根："<<x1<<endl;
        }
        else if (disc>1e-6)
        {   x1=(-b+sqrt(disc))/(2*a);
            x2=(-b-sqrt(disc))/(2*a);
            cout<<"方程有 2 个不等实根："<<x1<<','<<x2<<endl;
        }
        else
        {   realpart=(-b)/(2*a);
            imagepart=sqrt(-disc)/(2*a);
            cout<<"方程有 2 个共轭复根："<<endl;
            cout<<realpart<<'+'<<imagepart<<'i'<<endl;
            cout<<realpart<<'-'<<imagepart<<'i'<<endl;
        }
    }
    return 0;
}
```

5．下列程序的功能是根据输入的年、月，判断该月的天数。请完善该程序。

```
#include <iostream>
using namespace std;
int main()
{
    unsigned short year,month,days;
    cout<<"请输入年、月：";
    cin>>year>>month;
    switch(month)
    {
        case 1:
        case 3:
        case 5:
        case 7:
```

```
        case 8:
        case 10:
        case 12:days=31;          ①          ;
        case 4:
        case 6:
        case 9:
        case 11:days=30;          ②          ;
        case 2:
                if(          ③          )
                        days=29;
                else
                        days=28;
    }
    cout<<year<<"年"<<month<<"月的天数为："<<days<<endl;
    return 0;
}
```

说明： 闰年 2 月的天数为 29 天，其他年份 2 月为 28 天。闰年是指年份可以被 4 整除而不能被 100 整除，或者能被 400 整除。

三、实验思考

1．输入直角三角形的两条直角边长，调用平方根库函数 sqrt 来求斜边的长度。

2．从键盘输入一个字符，如果输入的是英文大写字母，则将它转换成小写字母后输出，否则输出原来输入的字符。

3．输入一个学生的成绩，如高于 60 分，则输出 pass；否则，输出 failed。

4．计算分段函数：

$$y = \begin{cases} \sin x + \sqrt{x^2+1} & x \neq 0 \\ \cos x - x^2 + 3x & x = 0 \end{cases}$$

5．从键盘输入 1～7 之间的一个数字，输出其对应星期几的英文表示。

6．设计一个简单的计算器程序，能够进行加、减、乘、除简单运算并显示结果。

实验 3　循环结构

一、实验目的

1．熟练掌握 while、do…while 和 for 循环语句的使用方法。

2．理解 break 和 continue 语句在循环结构中的不同作用。

3．掌握利用循环语句实现一些常用算法的方法。

二、实验内容

1．下列程序的功能是从键盘输入一组数，其中该组数据以输入 0 作为结束，求这组数中的最大值和最小值。请完善该程序。

```cpp
#include <iostream>
using namespace std;
int main()
{
    int m,max,min;
    cout<<"输入数 m： "<<endl;
    cin>>m;
    max=min=_____①_____;
    while(cin>>m,m!=0)
    {
        if(m>max)
            _____②_____;
        if(m<min)
            _____③_____;
    }
    cout<<"最大值="<<max<<endl;
    cout<<"最小值="<<min<<endl;
    return 0;
}
```

2．已知等比数列的第 1 项 a=1，公比 q=2。下列程序的功能是求满足前 n 项和小于 100 时的最大 n。请完善该程序。

```cpp
#include <iostream>
using namespace std;
int main()
{
    int a,q,n,sum;
    a=1;q=2;n=sum=0;
    do {
        sum=_____①_____;
        ++n;
        a=a*_____②_____;
    }while(_____③_____);
    --n;
    cout<<n<<endl;
    return 0;
}
```

3．下列程序的功能是将可显示的 ASCII 码制成表格输出，使每个字符与它的编码值对应起来，每行输出 7 个字符。请完善该程序。

```cpp
#include <iostream>
using namespace std;
int main()
{
    int i=0,asci;
    char c;
    cout<<"\t ASCII 码对照表"<<endl;
    for(asci=32;asci<=126;_____①_____)
```

```
    {
        c=asci;
        cout<<c<<"="<<asci<<'\t';
        _____②_____;
        if (i==7)
        {
            i=0;
            _____③_____;
        }
    }
    cout<<endl;
    return 0;
}
```

说明：在 ASCII 码中，只有从 " "（空格）到 "~" 之间的字符是可以打印的字符，其余为不可打印的控制字符。可以打印的字符的编码值为 32～126，可通过将编码值赋值给字符变量 c 转换成对应的字符。

4. 下面的程序是为某超市收银台设计的一个简单结账程序。要求输入顾客购买的若干种货物的单价、数量及实收金额，计算并输出应收金额和找零金额清单。请完善该程序。

```
#include <iostream>
#include <iomanip>
using namespace std;
int main()
{
    int n;                          //n 表示数量
    float d,sum=0,rmb1,rmb2;        //d 表示单价，rmb1 表示实收金额，rmb2 表示找零金额
    while(1)                        //永真循环
    {
        cout<<"请输入单价和数量：";
        cin>>d>>n;
        if (n==0)
            _____①_____;     //输入"0  0"时跳出循环
        sum=sum+_____②_____;
    }
    cout<<"------------------------"<<endl;
    cout<<setiosflags(ios::fixed)<<setprecision(2);
    cout<<"总计："<<sum<<endl;
    cout<<"应收："<<sum<<endl;
    cout<<"------------------------"<<endl;
    cout<<"实收：";
    cin>>rmb1;
    rmb2=_____③_____;
    cout<<"找零："<<rmb2<<endl;
    return 0;
}
```

5．用循环语句编程，显示输出如图 1.1 所示的菱形图案。菱形的行数由键盘输入，行数不同，菱形的大小也不同。

分析：这是一个二维图形，每一个位置上的信息是行号、列号和字符，其中的行号、列号控制显示位置，字符是要显示的内容。处理二维的问题用双层循环实现比较直观。由于图形是由"*"号构成的，需要循环重复显示"*"。用外层循环控制行，用内层循环控制每一行中每一个位置（列）。外层循环比较简单，循环控制变量取值是从第一行到最后一行。内层循环要根据图形的变化分别确定输出空格和"*"号的循环次数。

```
          *
         ***
        *****
       *******
      *********
       *******
        *****
         ***
          *
```

图 1.1　菱形图案

参考程序如下：

```cpp
#include <iostream>
using namespace std;
int main()
{
    int row;                        //菱形行数
    int i,j,n;
    cout<<"请输入行数："; 
    cin>>row;
    n=row/2+1;
    for(i=1;i<=n;i++)               //输出前 n 行图案
    {
        for(j=1;j<=n-i;j++)         //输出"*"字符前面的空格
            cout<<' ';
        for(j=1;j<=2*i-1;j++)       //循环输出字符"*"
            cout<<'*';
        cout<<endl;
    }
    for(i=1;i<=n-1;i++)             //输出后 row-n 行图案
    {
        for(j=1;j<=i;j++)
            cout<<' ';
        for(j=1;j<=row-2*i;j++)
            cout<<'*';
        cout<<endl;
    }
    return 0;
}
```

三、实验思考

1．编程计算表达式 $\dfrac{1}{n}\sum_{k=1}^{n}k^2$ 的值。

2．输入两个正整数，判别它们是否互为互质数。所谓互质数，就是最大公约数是 1。

3．编写程序，输出从公元 2000 年至 3000 年间所有闰年的年号。

4．编写程序模拟猴子吃桃子问题：猴子第 1 天摘下若干桃子，当即吃了一半，还不过瘾，又多吃了一个。第 2 天将剩下的桃子又吃了一半，又多吃一个。以后每天都吃了前一天剩下的一半零一个。到了第 10 天，只剩下了一个桃子。请问猴子第一天共摘了多少个桃子？

5．计算 s=1+(1+2)+(1+2+3)+(1+2+3+4)+…+(1+2+3+…+n)的值。

6．设 abcd×e=dcba（a 非 0，e 非 0 非 1），求满足条件的 abcd 与 e。

实验 4　常用算法

一、实验目的

1．进一步掌握循环结构程序设计方法。
2．掌握常用的程序设计算法。

二、实验内容

1．计算当 x=0.5 时下述级数和的近似值，使其误差小于某一指定的值 ε（例如 ε=10^{-6}）。

$$y = x - \frac{x^3}{3\times 1!} + \frac{x^5}{5\times 2!} - \frac{x^7}{7\times 3!} + \cdots$$

参考程序如下：
```
#define E 0.000001
#include <iostream>
#include <cmath>
using namespace std;
int main()
{   int i,k=1;
    float x,y,t=1,s,r=1;
    cout<<"Please enter x=";
    cin>>x;
    for(s=x,y=x,i=2;fabs(r)>E;i++)
    {   t=t*(i-1);
        y=y*x*x;
        k=k*(-1);
        r=k*y/t/(2*i-1);
        s=s+r;
    }
    cout<<"S="<<s<<endl;
}
```

2．将一个正整数分解质因数。例如，输入 90，打印出 90=2*3*3*5。

分析：将 n 分解质因数，应先找到一个最小的质数 k，然后按下述步骤完成：

（1）如果这个质数恰等于 n，则说明分解质因数的过程已经结束，打印出即可。

（2）如果 n≠k，但 n 能被 k 整除，则应打印出 k 的值，并用 n 除以 k 的商作为新的正整数 n，重复执行第（1）步。

（3）如果 n 不能被 k 整除，则用 k+1 作为 k 的值，重复执行第（1）步。

参考程序如下：

```
#include <iostream>
using namespace std;
int main()
{   int n,i;
    cout<<"\nplease input a number:";
    cin>>n;
    cout<<n<<'=';
    for(i=2;i<=n;i++)
    {
        while(n!=i)
        {
            if (n%i==0)
            {   cout<<i<<'*';
                n/=i;
            }
            else
                break;
        }
    }
    cout<<n<<endl;
}
```

3．有 1、2、3、4 四个数字，能组成多少个互不相同且无重复数字的三位数？都是多少？

分析：可填在百位、十位、个位的数字都是 1、2、3、4。组成所有的排列后再去掉不满足条件的排列。

参考程序如下：

```
#include <iostream>
using namespace std;
int main()
{   int i,j,k;
    for(i=1;i<5;i++)
        for(j=1;j<5;j++)
            for(k=1;k<5;k++)
            {
                if (i!=k&&i!=j&&j!=k)        //确保 i、j、k 三位互不相同
                    cout<<i<<j<<k<<endl;
            }
}
```

4．一个整数，它加上 100 后是一个完全平方数，再加上 268 又是一个完全平方数，该数是多少？

分析：在 10 万以内判断，先将该数加上 100 后再开方，再将该数加上 268 后再开方，如果开方后的结果满足如下条件，即是结果。

参考程序如下：

```
#include <iostream>
#include <math>
```

```
       using namespace std;
       int main()
       {    long int i,x,y,z;
            for(i=1;i<100000;i++)
            {    x=sqrt(i+100);            //x 为加上 100 后开方的结果
                 y=sqrt(i+268);            //y 为再加上 168 后开方的结果
                 if (x*x==i+100 && y*y==i+268)
                      cout<<i<<'\n';
            }
       }
```

5. 用二分法求一元三次方程 $2x^3-4x^2+3x-6=0$ 在(10,10)区间的根。

分析：二分法的基本原理是，若函数有实根，则函数的曲线应当在根这一点上与 x 轴有一个交点，在根附近的左右区间内，函数值的符号应当相反。利用这一原理，逐步缩小区间的范围，保持在区间的两个端点处的函数值符号相反，就可以逐步逼近函数的根了。

参考程序如下：

```
       #include <iostream>
       #include <math>
       using namespace std;
       int main()
       {    float x0, x1, x2, fx0, fx1, fx2;
            do
            {    cout<<"Enter x1,x2:";
                 cin>>x1>>x2;
                 fx1=2*x1*x1*x1-4*x1*x1+3*x1-6;    //求出 x1 点的函数值 fx1
                 fx2=2*x2*x2*x2-4*x2*x2+3*x2-6;    //求出 x2 点的函数值 fx2
            }while (fx1*fx2>0);                    //保证在指定范围内有根，即 fx 的符号相反
            do
            {    x0=(x1+x2)/2;                      //取 x1 和 x2 的中点
                 fx0=2*x0*x0*x0-4*x0*x0+3*x0-6;    //求出中点的函数值 fx0
                 if ((fx0*fx1)<0)                  //若 fx0 和 fx1 符号相反
                 {    x2=x0;                        //则用 x0 点替代 x2 点
                      fx2=fx0;
                 }
                 else
                 {    x1=x0;                        //否则用 x0 点替代 x1 点
                      fx1=fx0;
                 }
            }while(fabs((double)fx0)>=1e-5);       //判断 x0 点的函数与 x 轴的距离
            cout<<"x="<<x0<<'\n';
       }
```

三、实验思考

1. 读入一个整数 N，若 N 为非负数，则计算 N～2×N 之间的整数和；若 N 为负数，则求 2×N～N 之间的整数和。分别利用 for 和 while 写出两个程序。

2．设 $s = 1 + \dfrac{1}{2} + \dfrac{1}{3} + \cdots + \dfrac{1}{n}$，求与 8 最接近的 s 的值及与之对应的 n 值。

3．已知正整数 A>B>C，且 A+B+C<100，求满足 $\dfrac{1}{A^2} + \dfrac{1}{B^2} = \dfrac{1}{C^2}$ 的共有多少组。

4．一辆车从酒店门口驶过，第一位目击者记得车牌号前两位数字相同，且后两位数字也相同；第二位目击者是一位数学家，他看出车牌号是四位完全平方数。试推算驶过车辆车牌号。

5．编程验证四方定理：所有自然数至多只要用 4 个数的平方和就可以表示。

6．编程验证角谷猜想：任意给出一个自然数，若为偶数则除以 2，若为奇数则乘 3 加 1，得到一个新的自然数，然后按同样的方法继续运算，若干次运算后得到的结果必然为 1。

实验 5　函数

一、实验目的

1．掌握函数的定义、调用和声明的格式。
2．理解函数参数传递机制，并能熟练运用参数值传递规则。
3．理解变量的作用域和生存期概念，能正确使用不同属性的变量。

二、实验内容

1．下面的程序中定义了 int max(int x, int y)，用来求两个数中的较大数，在主程序中调用该函数。请补充程序。

```
#include <iostream>
using namespace std;
int max(int x,int y)
{    int z;
     if (x > y)
          z = x;
     else
          z = y;
          _____①_____;
}
int main()
{
     int a,b,c;
     cout<<"input two numbers:\n";
     cin>>a>>b;
     c=_____②_____;
     cout<<"max="<<c<<endl;
     return 0;
}
```

2．验证哥德巴赫猜想：一个大偶数可以分解为两个素数之和。下面的程序将[100,200]之间的全部偶数表示为两个素数之和。请补充程序。

参考程序如下：

```cpp
#include <iostream>
using namespace std;
_____①_____;
int main()
{   int m,k;
    for(m=100;m<=200;m+=2)                    //只处理偶数
    {  for(k=3;k<=m/2;k+=2)                   //将偶数 m 分解为两奇数 k 与(m-k)之和
        if((IsPrime(k)==1)&&(_____②_____))
            cout<<m<<"="<<k<<"+"<<m-k<<endl;  //输出两素数 k 与(m-k)
    }
    return 0;
}
int IsPrime(int n)                            //若 n 是素数，则返回 1，否则返回 0
{   int i;
    for (i=2;i<=n/2;i++)
    if (_____③_____) return 0;
    return 1;
}
```

3. 已知数列 f 定义如下：$f_1=1$，$f_{2n}=f_n$，$f_{2n+1}=f_n+f_{n+1}$。请完善程序。

```cpp
#include <iostream>
using namespace std;
int f(int n)                                  //定义计算 a 的 n 次幂的函数 f()
{   int s=0;
    if (n==1) s=1;
    else if (n%2==0) s= f(_____①_____);     //递归调用
    else s= f(_____②_____)+f(_____③_____);
    return s;
}
int main()
{   int n;
    do
        cin>>n;
    while(n<1);
    cout<<"f"<<n<<"="<<f(n) <<endl;
    return 0;
}
```

4. 阅读以下程序，写出输出结果并上机验证。

```cpp
#include <iostream>
using namespace std;
void fun();
int main()
{   int i;
    for(i=0;i<3;i++) fun();
    return 0;
```

```
    }
    void fun()
    {   int a=0;                          //局部变量
        static int b=0;                   //静态局部变量
        a++;
        b++;
        cout<<a<<"\t"<<b<<endl;
    }
```

5．若一个自然数等于其所有真因子之和，则称该自然数为完数。例如，6 的真因子有 1、2、3，且 6=1+2+3，因此 6 为完数。编程求出[1,1000]之间的完数之和。要求用两个自定义函数：一个函数 IsPerfect (x)判断 x 是否为完数；另一个函数 sum(int n)的形参来自主调函数传来的完数实参，用静态局部变量加上该完数。

参考程序如下：

```
#include <iostream>
using namespace std;
int IsPerfect(int);                       //函数 IsPerfect ()的声明
double sum(int);                          //函数 sum ()的声明
int main()
{   int m;
    double s;
    for(m=2;m<=1000;m++)
        if (IsPerfect(m)==1)
        { cout<<m<<endl; s=sum(m);}       //输出完数并调用 sum()函数累加该完数
    cout<<"[2,1000]之间的完数之和="<<s<<endl;
    return 0;
}
int IsPerfect(int n)
{   int i,s=1;
    for (i=2;i<n;i++)
        if (n%i==0) s=s+i;
    return n==s;                          //是完数返回 1，否则返回 0
}
double sum(int n)                         //实现对 n 累加
{   static double s=0;
    s=s+n;
    return s;
}
```

三、实验思考

1．编写一个函数求 y=(a-b)(a+b)，主函数用以输入 a、b 的值和输出 y 值。

2．求[1000,2000]之间最小的素数和最大的素数。

3．输出[11,999]之间的数 m，它满足 m、m^2 和 m^3 均为回文数。回文数是指各位数字左右对称的整数。例如，11 满足上述条件，$11^2=121$，$11^3=1331$。

提示：从 m 最低位开始，依次取出该数的各位数字，按反序重新构成新的数，比较与原数是否相等，若相等，则原数为回文。要求定义判断 n 是否是回文数的函数，当 n 是回文数时函数返回 1，否则返回 0。

4．定义递归函数求 x^n，在主函数中输入 x 和 n 的值，并调用该函数。

5．定义递归函数求 $\sum_{i=1}^{n} i^m$，然后调用该函数求 $\sum_{k=1}^{100} k + \sum_{k=1}^{50} k^2 + \sum_{k=1}^{10} \frac{1}{k}$。

6．已知：

$$y = \frac{f(x,n)}{f(x+2.3,n) + f(x-3.2,n+3)}$$

其中 $f(x,n) = 1 - \frac{x^2}{2!} + \frac{x^4}{4!} - \cdots + (-1)^n \frac{x^{2n}}{(2n)!}$，（n≥0）。

编写一个函数实现 f(x,n)，然后调用该函数求 y 的值。

实验 6　数组

一、实验目的

1．掌握一维和二维数组的定义、初始化及数组元素的引用形式。
2．掌握一维和二维数组的常用输入/输出方法。
3．掌握和数组有关的查找、排序算法及矩阵的运算。
4．理解数组形参的功能和形参数组与实参数组的结合形式。

二、实验内容

1．已知数列 A 的第 1、2 项都为 1，后面的奇数项等于其前两项之和，偶数项等于其前两项之差，即：

$A_1 = A_2 = 1$；

$A_{2i+1} = A_{2i} + A_{2i-1}$（i≥1）；　$A_{2i} = A_{2i-1} - A_{2i-2}$（i≥2）。

请编程求出该数列的前 20 项，且将它们输出到屏幕上。

分析：数列即有次序的一系列数，在程序中正好可以将它的各项存于数组 a 的元素中，此处可以将数列通项下标与数组元素下标对应起来，即将数列的 A_1 存于 a[1]中，A_n 存于 a[n]中，因此定义的数组应包含 21 个元素，最前面的元素 a[0]并不存储数组的项。先根据数列的递推公式求出 A_n 存于 a[n]中，然后输出 A 数组的各元素就得到数列的各项。

参考程序如下：

```cpp
#include <iostream>
#include <iomanip>
using namespace std;
int main( )
{    int i, a[21]={0,1,1};
     for(i=3;i<21;i++)
         if (i%2==1)
```

```
            a[i]=a[i-1]+a[i-2];
        else
            a[i]=a[i-1]-a[i-2];
    cout<<"The results:"<<endl;
    for(i=1;i<21;i++)
    {   if (i%5==1) cout<<endl;
            cout<<setw(6)<<a[i];
    }
    cout<<endl;
    return 0;
}
```

上面程序的前一个 for 语句也可以改成：

```
for(i=1;i<=9;i++)
{ a[2*i+1]=a[2*i]+a[2*i-1];    a[2*i+2]=a[2*i+1]-a[2*i];}
```

如果用 a[0]存储 A$_1$，上面程序如何修改？

2．编写一程序，将从键盘输入的 10 个数按从大到小的顺序输出。可以采用任何一种排序算法。

3．阅读分析下面的程序（省掉了程序首部的宏命令），先预测其输出结果，然后将该程序输入计算机并运行观察实际输出，检验自己的预测输出结果是否正确。如果错了，找出原因，可以跟踪调试（单步运行）程序，观察数组元素值如何变化。

```
int main()
{   static int num[10]={1};
    int i, j;
    for (j=0;j<10;++j)
        for (i=0;i<j;++i)
            num[j]=num[j]+num[i];
    for (j=0;j<10;++j)
        cout<<num[j]<<'\n';
    return 0;
}
```

4．下面的程序输出如下二维数表：

```
1    2    3    4    5    6
1    1    2    3    4    5
1    2    1    2    3    4
1    3    3    1    2    3
1    4    6    4    1    2
1    5    10   10   5    1
```

请完善程序（省掉了程序首部的宏命令）。检验自己的答案是否正确。

```
int main()
{ int a[6][6],i,j;
  for(i=0;i<6;i++)
    {for(j=0;j<6;j++)
      {if(_____①_____) a[i][j]=1;              //求第 1 列或对角线上的元素
```

```
        else if (i<j) a[i][j]=_____②_____;        //求对角线以上的元素
        else a[i][j]=_____③_____;                 //求对角线以下的元素
        cout<<setw(6)<<a[i][j];
    }
    cout<<'\n';
}
return 0;
}
```

5．已知下面的程序先计算出杨辉三角数表存于二维数组 a 的对应位置各元素中，然后输出数组 a 主对角元素及以下的元素便得到如下杨辉三角数表的前几行：

```
                1
                1    1
                1    2    1
                1    3    3    1
                1    4    6    4    1
```

请完善程序（省掉了程序首部的宏命令）。检验自己的答案是否正确。

```
int main()
{ int i,j,a[5][5];
    for(i=0;i<5;i++)                          //求三角数表
    {   a[i][0]=1;_____①_____;
        for(j=1;_____②_____;j++) a[i][j]=a[i-1][j-1]+a[i-1][j];}
    for(i=0;j<5;i++)                          //输出三角数表
    {   cout<<"\n";
        for(j=0;_____③_____;j++) cout<<setw(6)<<a[i][j]; }
    cout<<"\n";
    return 0;
}
```

三、实验思考

1．编写函数 int lookup(int x[], n,y)，在 x[0]…x[n-1]中查找是否有等于 y 的元素，若有，返回第一个相等元素的下标，否则，返回-1。编写主函数调用它。

2．编写函数 int f(int x[],int n)，求出 20 个数中的最大数。

3．将数组 a 中的每 4 个相邻元素的平均值存放在数组 b 中。

4．找出一个二维数组的鞍点，即该位置上的元素在该行上最大，在该列上最小，数组也可能没有鞍点。

5．输入若干个字符串，求出每个字符串的长度，并打印最长字符串的内容。以 stop 作为输入的最后一个字符串。

6．输入任意一个含有空格的字符串（至少 10 个字符），删除指定位置的字符后输出该字符串。例如，输入字符串"Beijing123"和删除位置 3，则输出"Beiing123"。

实验 7　指针

一、实验目的

1．掌握指针变量的定义及初始化。
2．掌握指针形参的参数结合方式。
3．掌握指针函数的定义和调用格式。
4．掌握数组的各种指针表示方法。
5．掌握字符串的数组与指针表示法及其基本应用。
6．掌握引用的定义格式和利用函数的引用形参修改对应实参的方法。

二、实验内容

1．阅读分析下面的程序（省掉了程序首部的宏命令），先预测其输出结果，然后将该程序输入计算机并运行观察实际输出，检验自己的预测输出结果是否正确。如果错了，找出原因。

（1）
```cpp
int main()
{   int k=2,m=4,n=6;
    int *pk=&k, *pm=&m, *p;
    *(p=&n)=*pk*(*pm);
    cout<<n<<endl;
    return 0;
}
```

（2）
```cpp
int main()
{   int i,*pi;
    pi=&i; i=5;
    cout<<"\n"<<i<<','<<*pi<<','<<*&i;
    cout<<"\n"<<&i<<','<<pi<<','<<&*pi;
    return 0;
}
```

（3）
```cpp
int main()
{   int a[]={1,2,3};
    int *p,i;
    p=a;
    for (i=0;i<3;i++)
        cout<< a[i] << p[i] << *(p+i) <<*(a+i);
    return 0;
}
```

2．下面的程序用来求长方形的面积和周长，请完善程序。

```cpp
#include <iostream>
using namespace std;
void f(float a, float b, float *area, float &p)
{   *area=a*b;
    p=2*(a+b);
```

```
          }
        int main()
        {   float l ,w,x,y;
            cout<<"\nPlease input l    and w :";
            cin>>l >>w ;
            f(l,w, _____①_____, _____②_____);
            cout<<"\n 面积="<<x<<"\n 周长="<<y;
            cout<<'\n';
            return 0;
        }
```

3．编写函数 void lookup(int t[],int n,int *min,int*max)，在数组 t 的前 n 个元素中找出最小的元素且存于 min 所指的内存单元，找出最大的元素且存于 max 所指的内存单元；编写主函数构成完整程序。

参考程序如下：

```
        #include <iostream>
        #include <iomanip>
        using namespace std;
        int table[10];
        void lookup(int t[],int n, int *min,int *max)
        {   int k;
            *min =t[0]; *max =t[0];
            for(k=1;k<n;k++)
            {   if (a[k]<*min) *min =t[k];
                if (a[k]>*max)*max =t[k];}
        }
        int main()
        {   int k,a,b;
            for(k=0;k<n;k++)
                cin>>table[k];
            lookup(table,10,&a,&b);
            cout<<"\nmin="<<min<<"\nmax="<<b;
            return 0;

        }
```

4．从键盘输入一个字符串，将其中的所有数字字符剔除后再输出，如输入 ab12c，则输出 abc，请编程实现。

参考程序如下：

```
        int main()
        {   char a[80];
            int i,j;
            cout<<"Input a string:\n";
            cin.getline(a,80,'\n');
            for(i=j=0;a[i];i++)
                if (a[i]>='0'&&a[i]<='9') a[j++]=a[i];
            a[j]='\0';
            cout<<"Then new string is:\n";
```

```
            cout<<a<<endl;
            return 0;
        }
```

5．按一定的规则可以将一个字符串经加密转换为一个新的串，例如简单的加密方法是：将串中 a～y 的小写字母字符用其字母表中后一个字母字符代替，串中 z 变换为 a，其他字符不变。例如，原串为 This is a secret code!，加密后的串为 Tijt jt b tfdsfu dpef!。编写一个程序对输入串加密，输出加密前和加密后的串，再将加密后的字符串解密输出。

参考程序如下：

```
        void secret(char* s)                //加密函数
        {   while(*s!='\0'){
                if (*s>96&&*s<122) *s=*s+1;      //a 的 ASCII 码为 97
                else if (*s==122) *s='a';        //else 不可少，否则当字符为 y 时，先变为 z，再变为 a
                s++;
            }
        }
        void desecret(char* s)              //解密函数
        {   while(*s!='\0'){
                if (*s>97&&*s<123) *s=*s-1;
                else if (*s==97) *s='z';         //else 不可少，否则当字符为 b 时，先变为 a，再变为 z
                s++;
            }
        }
        int main()
        {
            char st[80];
            cout<<"Input a string:\n";
            cin.getline(st,80,'\n');
            cout<<st<<endl;
            secret(st);
            cout<<st<<endl;
            desecret(st);
            cout<<st<<endl;
            return 0;
        }
```

三、实验思考

1．编写函数 void invert(int a[],int n)将数组 a 中的数按颠倒的顺序重新存放。在操作时，只能借助一个临时存储单元而不得另外开辟数组，参数 n 为数组中的元素个数。

2．编写函数 void lookup(int t[],int n, int & min,int& max)在数组 t 的前 n 个元素中找出最小的元素且存于 min 所引用的内存单元，找出最大的元素且存于 max 所引用的内存单元；编写主函数构成完整程序。

3．编写函数 int * lookup(int t[],int *i,int val,int n)，若数组 t 中存在 val，函数返回数组中第一个等于 x 的数组元素的指针，否则输出 NULL。

4．设计一个字符串加密算法和相应的解密算法，并编写程序。

实验 8　自定义数据类型

一、实验目的

1. 掌握结构体类型、共用体类型和枚举类型的定义及使用。
2. 掌握结构体数组的概念和应用。
3. 了解内存的动态分配、链表的概念和初步学会对简单链表进行操作。

二、实验内容

1．分析程序，写出结果并上机检验。

（1）
```cpp
#include<iostream>
using namespace std;
int main()
{   struct students                 //注意结构体成员的大小与结构体变量大小的关系
    {   int num;
        char name[10];
        double score[3];
    }stu;
    cout<<sizeof(stu.num)<<endl;
    cout<<sizeof(stu)<<endl;
    return 0;
}
```

（2）
```cpp
#include<iostream>                   //结构体变量与共用体变量所占内存大小的不同
using namespace std;
int main()
{   struct
    {   int i;
        char c;
        double d;
    }st;
    union
    {   int i;
        char c;
        double d;
    }un;
    cout<<sizeof(st)<<"     " <<sizeof(un)<<endl;
    return 0;
}
```

（3）
```cpp
#include<iostream>                   //注意枚举类型变量的赋值与输出
using namespace std;
int main()
```

```
{   enum a{ RED,YELLOW=4,BLUE,WHITE=7,BLACK} mycolor;
    cout<<RED<<"   "<<BLUE<<"   "<<BLACK<<endl;
    mycolor=(a)2;
    cout<<mycolor<<endl;
    return 0;
}
```

（4）
```
#include<iostream>              //在本题中注意结构体指针对结构体变量成员的引用
using namespace std;
int main()
{   struct str
    {   double x;
        char *y;
    } *m;
    str group[3]={{95.0,"Li"},{82.5,"Wang"},{73.5,"Sun"}};
    m=group;
    cout<<m->x<<"   "<<m->y<<endl;
    m++;
    cout<<(*m).x<<"   "<<(*m).y<<endl;
    return 0;
}
```

2．分析程序，写出上机运行结果。

（1）
```
#include<iostream>
using namespace std;
union ex
{   short int i;
    char ch;
};
int main()
{   ex data;
    data.i=0x5566;
    cout<<"data.i="<<hex<<data.i<<endl;
    data.ch='A';
    cout<<"data.ch="<<data.ch<<endl;
    cout<<"data.i="<<hex<<data.i<<endl;
    return 0;
}
```

（2）
```
#include<iostream>
using namespace std;
struct per
{   int i;
    char c,*cp;
};
void func(per a)
{   a.i=59; a.c='f'; a.cp="Li";}
int main()
{   per q={62,'m',"Luo"};
```

```
    func(q);
    cout<<q.i<<"      "<<q.c<<"      "<<q.cp<<endl;
    return 0;
    }
```

若把 void func(per a)改成 void func(per &a)，观察程序运行结果有何变化，并分析原因。

（3）
```
#include<iostream>
using namespace std;
struct sam
{ int i, *p; };
int main()
{    int a[]={11,22},b[]={33,44};
    sam c[]={55,a,66,b},*q=c;
    cout<<((++q)->p)[0]<<"    ";
    q=c;
    cout<<((++q)->p)[1]<<endl;
    return 0;
    }
```

3．以结构体变量表示复数，分别计算两个已给复数之积，并以复数形式输出结果。

参考程序如下：

```
#include<iostream>
using namespace std;
struct complex
{ double re,im; };
void printcomp(complex);
int main()
{    complex z1={2.0,5.0}, z2={4.0,7.0}, zmul;
    zmul.re=z1.re*z2.re-z1.im*z2.im;
    zmul.im=z1.re*z2.im+z1.im*z2.re;
    cout<<"z1= "; printcomp(z1);cout<<endl;
    cout<<"z2= "; printcomp(z2);cout<<endl;
    cout<<"z1*z2= "; printcomp(zmul);cout<<endl;
    return 0 ;
}
void printcomp(complex    z)
{
    if (z.im>0)
        cout<<z.re<<"+"<<z.im<<"i";
    else
        cout<<z.re<<"-"<<z.im<<"i";
}
```

4．从键盘输出 5 名学生的数据，包括学号、姓名、性别、三门课的考试成绩，统计男、女生人数并输出学生信息及统计结果。

参考程序如下：

```
#include<iostream>
#include<iomanip>
```

```
using namespace std;
int main()
{   struct students{ int num;
        char name[10];
        char sex;
        int score[3];};
    const int N=5;
    students stu[N], *p=stu;
    int i,male=0,female=0;
    cout<<"Input    students' information:"<<endl;
    for(i=0;i<N;i++,p++)
    {   cout<<"Enter num name sex and 3 scores:";
        cin>>p->num>>p->name>>p->sex>>p->score[0]>>p->score[1]>>p->score[2];
    }
    p=stu;
    cout<<setiosflags(ios::left);
    cout<<"\nNUM        NAME          SEX       SCORE1  SCORE2  SCORE3 \n";
    for(i=0;i<N;i++,p++)
    {
        cout<<setw(7)<<p->num<<setw(15)<<p->name<<setw(9)<<p->sex
        <<setw(8)<<p->score[0]<<" "<<setw(8)<<p->score[1]
        << setw(8)<<p->score[2]<<endl;
        if (p->sex=='m') male++;
        else    if (p->sex=='f') female++;
    }
    cout<<endl;
    cout<<"male:"<<male<<endl;
    cout<<"female:"<<female<<endl;
    return 0 ;
}
```

三、实验思考

1．有 10 名学生的数据，每个学生的数据包括学号、姓名、性别、三门课的考试成绩及平均成绩。要求：

（1）编写一个 input 函数，用来输入 10 个学生的信息。

（2）编写一个 output 函数，用来输出 10 个学生的信息。

（3）计算每个学生的平均成绩，并按平均成绩由小到大进行排序后输出。

2．设有 5 个学生和教师的数据。学生的数据包括：姓名、年龄、性别、职业和年级。教师的数据包括：姓名、年龄、性别、职业和职务。现要求输入学生和教师的数据，并输出这些数据，要求当职业项为学生时，输出的最后一项为年级；当职业项为教师时，输出的最后一项为职务。

3．利用结构体数组和结构体指针，根据从键盘输入的学生姓名，查找已给出数据的结构体数组，若找到该名学生，则输出其所有信息；若找不到该名学生，则输出相应提示信息。

4．从红、黄、蓝、绿四种颜色中任取三种不同的颜色，共有多少种取法？请输出所有的排列（编程实现）。

5. 从键盘输入一批正整数（以-1作为输入结束标志），按表尾插入形式把它们组成一个线性链表。然后，从表头开始，遍历所有节点并输出各节点中的数据。要求线性链表的生成与遍历均写成函数定义。

6. 从键盘输入一系列非负整数，遇 0 时停止。对于输入的所有偶数和奇数，分别建立一个偶数链表和一个奇数链表，然后输出两个链表中的数据。

实验 9 类与对象（一）

一、实验目的

1. 掌握类的定义、类成员访问控制的含义。
2. 掌握对象的定义和使用。
3. 掌握构造函数和析构函数的作用、定义方式和实现方法。

二、实验内容

1. 编写一个程序，采用一个类求 n!，并输出 15!的值。
参考程序如下：

```cpp
#include <iostream>
using namespace std;
class fac
{   int p;
    public:
    fac(){ p=1;}
    fac( int j)
    {   p=1;
        if(j>=0)
            for(int i=1 ;i<=j;i++)p=p*i;
        else cout<<"数据错误\n";
    }
    void display(){cout<<"!="<<p<<endl;}
};
int main()
{   int n;
    cout<<"请输入一个整数：";
    cin>>n;
    fac a(n);
    cout<<n;
    a.display();
    return 0;
}
```

2. 定义盒子类 Box，要求具有以下成员：设置盒子形状、计算盒子体积、计算盒子的表面积。

参考程序如下:

```
#include <iostream>
using namespace std;
class Box
{   int x,y,z,v,s;
    public:
    void init(int x1=0,int y1=0,int z1=0){x=x1;y=y1;z=z1;}
    void volue(){v=x*y*z;}
    void area(){s=2*(x*y+x*z+y*z);}
    void display()
    {   cout<<"x="<<x<<",y= "<<y<<",z="<<z<<endl;
        cout<<"s="<<s<<",v= "<<v<<endl;
    }
};
int main()
{   Box a;
    a.init(2,3,4);
    a.volue();
    a.area();
    a.display();
    return 0;
}
```

3. 定义计数器类 Counter，要求具有以下成员：计数器值、进行增值和减值计数、提供计数值。

参考程序如下:

```
#include <iostream>
using namespace std;
class Counter
{   int n;
    public:
    Counter(int i=0) {n=i;}
    void init_Counter(int m){n=m;}
    void in_Counter(){n++;}
    void de_Counter(){n--;}
    int get_Counter(){return n;}
    void display(){cout<<n<<endl;}
};
int main()
{   Counter a;
    a.in_Counter();
    a.display();
    a.init_Counter(10);
    a.display();
    a.de_Counter();
    cout<<a.get_Counter()<<endl;
```

```
        return 0;
    }
```

4．设计一个类 Sample，实现两个复数的乘法运算。

Complex 类包括复数的实部和虚部，以及实现复数相乘的成员函数 mult()和输出复数的成员函数 display()。

参考程序如下：

```cpp
#include <iostream>
using namespace std;
class Complex
{
    float a,b;                          //分别表示实部和虚部
    public:
    Complex(){}
    Complex(float x,float y)
    {a=x;b=y;}
    void mult(Complex &s)               //对象引用作为参数
    {
        if (&s==this)
            cout<<"不能自身相乘"<<endl;
        else
        {
            float x=a*s.a-b*s.b;
            float y=a*s.b+b*s.a;
            a=x;b=y;
        }
    }
    void display()
    {
        if (b>0)
            cout<<a<<"+"<<b<<"i"<<endl;
        else
            cout<<a<<"-"<<-b<<"i"<<endl;
    }
};
int main()
{
    Complex s1(2,3),s2(3,4);
    cout<<"复数 s1："; s1.display();
    cout<<"复数 s2："; s2.display();
    s1.mult(s2);
    cout<<"相乘结果："; s1.display();
    cout<<endl;
    return 0;
}
```

三、实验思考

1．定义一个长方柱类，其数据成员包括 length、width、height，分别代表长方柱的长、宽、高。要求用成员函数实现以下功能：

（1）由键盘输入 3 个长方柱的长、宽、高。

（2）计算 3 个长方柱的体积。

（3）输出 3 个长方柱的体积。

（4）编写主函数使用这个类。

2．定义一个学生类，其中有 3 个数据成员，即学号、姓名、年龄，以及若干成员函数。实现对学生数据的赋值和输出。要求：

（1）使用成员函数实现对数据的输入/输出。

（2）使用构造函数和析构函数实现对数据的输入/输出。

3．设计一个航班类 Plane，具有机型、班次、额定载客数和实际载客数等数据成员，还具有输入/输出数据成员以及求载客效率的功能。其中，载客效率=实际载客数/额定载客数。

4．设计一个字符串类 MyString，该类除要求具有一般的输入/输出字符串的功能外，还要求具有计算字符串的长度、两个字符串的连接、字符串的复制等功能。

5．设计一个素数类 Prime，要求能够求任意区间的全部素数，并利用该类求[2,1000]范围内的全部素数之和。

实验 10　类与对象（二）

一、实验目的

1．熟悉对象数组与对象指针的用法。

2．掌握友元函数的作用与使用。

3．掌握类中成员的共享和数据保护措施。

4．进一步掌握面向对象程序设计的方法。

二、实验内容

1．计算两点之间的距离。

方法一：可以定义点类 Point，再定义一个类 Distance 描述两点之间的距离，其数据成员为两个点类对象，两点之间距离的计算可设计为由构造函数来实现。

参考程序如下：

```
#include <iostream>
#include<cmath>
using namespace std;
class Point
{   public:
    Point(int a=0, int b=0) {x=a; y=b;}
    int xcord(){ return x;}
```

```
    int ycord(){ return y;}
    private:
    int x,y;
};
class Distance
{   public:
    Distance(Point q1,Point q2);
    double getdist() {return dist; }
    private:
    Point p1,p2;
    double dist;
};
Distance::Distance(Point q1,Point q2):p1(q1),p2(q2)
{   double x=double(p1.xcord()-p2.xcord());
    double y=double(p1.ycord()-p2.ycord());
    dist=sqrt(x*x+y*y);
}
int main()
{   Point p(0,0),q(1,1);
    Distance dis(p,q);
    cout<<"The distance is: "<<dis.getdist()<<endl;
    return 0;
}
```

方法二：将两点之间的距离函数声明为 Point 类的友元函数。

```
#include <iostream>
#include<cmath>
using namespace std;
class Point
{   public:
    Point(int a=0, int b=0) {x=a; y=b; }
    int xcord(){ return x;}
    int ycord(){ return y;}
    private:
    int x,y;
    friend double Distance(Point p1,Point p2);
};
double Distance(Point p1,Point p2)
{   double dx=double(p1.x-p2.x);
    double dy=double(p1.y-p2.y);
    return sqrt(dx*dx+dy*dy);
}
int main()
{   Point q1(0,0),q2(1,1);
    cout<<"The distance is:"<<Distance(q1,q2)<<endl;
    return 0;
}
```

2．编写一个程序计算两个给定长方形的面积之和，其中在设计类成员函数 addarea()（用于计算两个长方形的总面积）时使用对象作为参数。

参考程序如下：

```
#include <iostream>
#include <iomanip>
using namespace std;
class rectangle
{
    float ledge,sedge;
    public:
    rectangle(){};
    rectangle(float a, float b)
    { ledge=a;sedge=b;};
    float area()
    {return ledge*sedge;};
    void addarea(rectangle r1, rectangle r2)
    {cout<<"总面积："<<r1.ledge*r1.sedge+r2.ledge*r2.sedge<<endl;}
};
int main()
{
    rectangle A(13.5,2),B(3.2,7.3),c;
    c.addarea(A,B);
    return 0;
}
```

3．编写一个程序，输入 N 个学生数据，包括学号、姓名、成绩，要求输出这些学生数据并计算平均分。

分析：设计一个学生类 Student，除了包括 no（学号）、name（姓名）和 score（成绩）数据成员外，有两个静态变量 sum 和 num，分别存放总分和人数，另有两个普通成员函数 setdata() 和 display()，分别用于给数据成员赋值和输出数据成员的值，另有一个静态成员函数 avg()用于计算平均分。在 main()函数中定义了一个对象数组用于存储输入的学生数据。

参考程序如下：

```
#include <iostream>
#include<string>
using namespace std;
#define N 5
class Student
{
    int no;
    char name[10];
    int score;
    static int num;
    static int sum;
    public:
        void setdata(int n,char na[],int d)
```

```
        {
            no=n; score=d;
            strcpy(name,na);
            sum+=d;
            num++;
        }
        static double avg()
        {
            return sum/num;
        }
        void display()
        {
            cout<<no<<"\t"<<name<<"\t"<<score<<endl;
        }
    };
    int Student::sum=0;
    int Student::num=0;
    int main()
    {
        Student st[N];
        int i,n,d;
        char na[10];
        for(i=0;i<N;i++)
        {
            cout<<"请输入学号、姓名、成绩：";
            cin>>n>>na>>d;
            st[i].setdata(n,na,d);
        }
        cout<<"学号\t 姓名\t 成绩\n";
        for(i=0;i<N;i++)
            st[i].display();
        cout<<"平均分"<<Student::avg()<<endl;
        return 0;
    }
```

4. 设计一个日期类 Date，包括日期的年、月、日，编写一个友元函数，求两个日期之间相差的天数。

分析：Date 类中有 3 个友元函数，count_day()函数有两个参数，第 2 个参数是一个标志，当其值等于 1 时，计算一年的开始到某日期的天数，否则计算某日期到年尾的天数；leap()函数用于判断指定的年份是否为闰年；subs()函数用于计算两个日期之间的天数。

参考程序如下：

```
    #include <iostream>
    using namespace std;
    class Date
    {
        int year,month,day;
```

```cpp
    public:
        Date(int y,int m,int d)
        {year=y;month=m;day=d;}
        void display()
        {cout<<year<<'-'<<month<<'-'<<day;}
        friend int count_day(Date &d,int);
        friend int leap(int year);
        friend int subs(Date &d1,Date &d2);
};
int count_day(Date &d,int flag)
{
    static int day_tab[2][12]={{31,28,31,30,31,30,31,31,30,31,30,31},
        {31,29,31,30,31,30,31,31,30,31,30,31}};
    int p,i,s;
    if (leap(d.year))p=1;
    else p=0;
    if(flag)
    {
        s=d.day;
        for(i=1;i<d.month;i++)
            s+=day_tab[p][i-1];
    }
    else
    {
        s=day_tab[p][d.month]-d.day;
        for(i=d.month+1; i<=12; i++)
            s+=day_tab[p][i-1];
    }
    return s;
}
int leap(int year)
{
    if(year%4==0&&year%100!=0||year%400==0)
        return 1;
    else
        return 0;
}
int subs(Date &d1,Date &d2)
{
    int days,day1,day2,y;
    if (d1.year<d2.year)
    {
        days=count_day(d1,0);
        for(y=d1.year+1; y<d2.year ;y++)
            if (leap(y))
                days+=366;
```

```
            else
                days+=365;
            days+=count_day(d2,1);
        }
        else if(d1.year==d2.year)
        {
            day1=count_day(d1,1);
            day2=count_day(d2,1);
            days=day2-day1;
        }
        else
            days=-1;
        return days;
    }
    int main()
    {
        Date d1(2007,11,10),d2(2008,8,8);
        int ds=subs(d1,d2);
        if(ds>=0)
        {
            d1.display(); cout<<"与";
            d2.display(); cout<<"之间有"<<ds<<"天\n";
        }
        else
            cout<<"时间错误!\n";
        return 0;
    }
```

三、实验思考

1．定义一个圆类，计算圆的面积和周长。要求分别用成员函数和友元函数来求圆的面积和周长。

2．定义 Boat 与 Car 两个类，两者都有 weight 属性，定义两者的一个友元函数 totalWeight() 为外部函数，计算两者的重量和。

3．设计一个 Book 类，包含两个私有数据成员 count 和 price，建立一个含有 5 个元素的数组对象，将 count 初始化为 1、2、3、4、5，将 price 初始化为 10、15、20、25、30，显示每个对象的 count 和 price 值。

4．设计一个 Student 类，包含学生的基本信息：学号、姓名、性别、出生日期、年级、班级、院系和专业等，Student 类有多个构造函数：默认构造函数、带参数的构造函数、带默认参数的构造函数。类的基本功能如下：

（1）使用对象数组保存学生对象。

（2）从键盘输入学生的基本信息。

（3）修改学生的基本信息。

（4）显示学生信息。

5．实现公司员工的管理。设计 employee 类，包含员工基本信息：编号、姓名、性别、出生日期和职务等。出生日期使用自定义的 Date 类。employee 类有可以从外部访问类成员的友元函数。程序基本功能如下：

（1）职工信息的录入。

（2）职工信息的显示。

（3）用对象数组保存已输入的职工对象。

（4）可以修改人员的基本信息。

（5）可以通过编号或姓名进行人员查询。

实验 11　运算符重载与模板

一、实验目的

1．掌握函数重载的运用。

2．掌握运算符重载的功能、设计方法。

3．掌握模板的设计方法。

二、实验内容

1．运行下列程序，写出运算结果。

```cpp
#include <iostream>
using namespace std;
class Sample
{
    int n;
    public:
        Sample() {}
        Sample(int m)    {n=m;}
        Sample operator+(Sample s)
        {
            return Sample(n+s.n);
        }
        void disp()
        {
            cout<<"n="<<n<<endl;
        }
};
int main()
{
    Sample s1(10), s2(8),s3;
    s3=s1+s2;
    s3.disp();
    return 0;
}
```

说明：运算符重载扩展了运算符的功能，一般的运算符都是为标准数据类型提供的，不能用于类的操作，通过运算符重载使其可以应用于类操作。在程序中 s1、s2 和 s3 都是 Sample 类的对象，一般情况下，s1+s2+s3 是非法的，由于在 Sample 中定义了运算符重载成员函数 operator+，因此它变成合法的了。实际上，这里的运算符"+"不是做普通的加法，而是调用类中的成员函数 operator+。

2．编写一个日期类，实现日期的加天数、减天数和输出操作（不考虑闰年的情况，2 月份固定为 28 天）。

参考程序如下：

```cpp
#include <iostream>
using namespace std;
static int dys[]={31,28,31,30,31,30,31,31,30,31,30,31};
class date
{
    int yr, mo, da;
    public:
    date(int y,int m,int d)
    {
        yr=y;mo=m;da=d;
    }
    date() {}
    void disp()
    {
        cout << yr << "年" << mo << "月" << da << "日" << endl;
    }
    date operator+(int day)
    {
        date dt=*this;
        day+=dt.da;
        while (day>dys[dt.mo-1])
        {
            day-=dys[dt.mo-1];
            dt.mo++;
            if (dt.mo==13)
            {
                dt.mo=1;
                dt.yr++;
            }
        }
        dt.da=day;
        return dt;
    }
    date operator-(int day)
    {
        date dt=*this;
        day=dt.da-day;
        while (day<=0)
```

```
            {
                day+=dys[dt.mo-1];
                dt.mo--;
                if (dt.mo==0)
                {
                    dt.mo=12;
                    dt.yr--;
                }
            }
            dt.da=day;
            return dt;
        }
};
int main()
{
    date d1(2005,1,10),d2,d3;
    d1.disp();
    d2=d1-140;
    d2.disp();
    d3=d2+140;
    d3.disp();
    return 0;
}
```

3．编写一个 string 类，它包含私有数据成员 sptr（一个字符串的指针）和 slen（字符串长度），以及 4 个构造函数：第 1 个构造函数把固定长度为 MAX 的字符串分配给指针 sptr，第 2 个构造函数分配了一个长度由参数来定义的数组，第 3 个构造函数分配一个数组，第 4 个构造函数拷贝构造函数，另外，还实现字符串"+="和"="运算符重载。用一些数据进行测试。

参考程序如下：

```
#include <iostream>
#include <string>
using namespace std;
#define MAX 256
class string
{
    char *sptr;
    int slen;
    public:
        string()                        //第 1 个构造函数
        {
            sptr=new char[MAX];
            *sptr='\0';
            slen=0;
        }
        string(int size)
```

```
        {                                    //第2个构造函数
            sptr=new char[size];
            *sptr='\0';
            slen=0;
        }
        string(const char *s_in)             //第3个构造函数
        {
            slen=strlen (s_in)+1;
            sptr=new char[slen];
            strcpy(sptr,s_in);
        }
        string(const string& ob_in)          //第4个构造函数
        {
            slen=strlen(ob_in.sptr)+1;
            sptr=new char[slen];
            strcpy(sptr,ob_in.sptr);
        }
        void set_str(const char *s_in)       //设置sptr所指向的字符串
        {
            delete sptr;
            slen=strlen(s_in)+1;
            sptr=new char[slen];
            strcpy(sptr,s_in);
        }
        char *access()                       //返回sptr指向的字符
        {
            return (sptr);
        }
        void operator+=(string & s2)         //+=运算符重载成员函数
        {
            char *ap;
            slen+=(s2.slen+1);
            ap=new char[slen];
            strcpy(ap,sptr);
            strcat(ap,s2.sptr);
            delete sptr;
            sptr=new char[slen];
            strcpy(sptr,ap);
        }
        string & operator=(string & s2)      //=运算符重载成员函数
        {
            if (this==&s2)
                return (*this);
            delete sptr;
            sptr=new char[s2.slen];
            slen=s2.slen;
```

```
            strcpy(sptr,s2.sptr);
            return (*this);
        }
        ~string()                          //析构函数
        {
            delete sptr;
        }
    };
    int main()
    {
        string s1,s2(MAX);
        string s3("string s3 ");
        string s4("string s4 ");
        string s5;
        s1.set_str("string s1 ");
        s2.set_str("string s2 ");
        s1+=s2;
        s1+=s3;
        s1+=s4;
        s5=s1;
        cout << "s5=" << s5.access() << endl;
        string s6(s5);
        cout << "s6=" << s6.access() << endl;
        string s7=s6;
        cout << "s7=" << s7.access() << endl;
        return 0;
    }
```

4．用函数模板方式设计一个函数模板 sort<T>，采用直接插入排序方式对数据进行排序，并对整数序列和字符序列进行排序。

参考程序如下：

```
    #include <iostream>
    using namespace std;
    template <class T>                     //sort 函数模板
    void sort(T a[ ], int n)
    {
        int i,j;
        T temp;
        for (i=1;i<n;i++)
        {
            j=i;
            temp=a[i];
            while (j>0 && temp<a[j-1])
            {
                a[j]=a[j-1];
                j--;
            }
```

```
                    a[j]=temp;
                }
        }
        template <class T>                      //disp 函数模板
        void disp(T a[ ], int n)
        {
            int i;
            for (i=1;i<n;i++)
                cout << a[i] <<"";
            cout << endl;
        }
        int main()
        {
            int a[ ]={3,8,2,6,7,1,4,9,5,0};
            char b[ ]={'i','d','a','j','b','f','e','c','g','h'};
            cout <<"整数排序："<< endl;
            cout <<"原序列："；
            disp(a,10);
            sort(a,10);
            cout <<"新序列："；
            disp(a,10);
            cout <<"字符排序："<< endl;
            cout <<"原序列："；
            disp(b,10);
            sort(b,10);
            cout <<"新序列："；
            disp(b,10);
            return 0;
        }
```

5．用类模板方式设计一个栈类 stack<T>，其中有两个私有数据成员 s[]（存放栈元素）和 top（栈顶元素下标），以及 3 个公有成员函数 push（元素入栈）、pop（元素出栈）和 stackempty（判断栈是否为空），并建立一个整数栈和一个字符栈。

参考程序如下：

```
        #include <iostream>
        #include <stdlib>
        using namespace std;
        const int Max=20;                       //栈大小
        template <class T>
        class stack
        {
            T s[Max];                           //栈元素数组
            int top;                            //栈顶下标
            public:
            stack()
            {
                top=-1;                         //栈顶初始化为-1
```

```
        }
        void push(const T & item);              //item 元素入栈
        T pop();                                 //出栈
        int stackempty() const;                  //判断栈是否为空
};
template <class T>
void stack<T>::push(const T & item)
{
    if (top==Max-1)
    {
        cout << "栈满溢出" << endl;
        exit(1);
    }
    top++;
    s[top]=item;
}
template <class T>
T stack<T>::pop()
{
    T temp;
    if (top==-1)
    {
        cout << "栈为空，不能出栈操作" << endl;
        exit(1);
    }
    temp=s[top];
    top--;
    return temp;
}
template <class T>
int stack<T>::stackempty() const
{
    return    top==-1;
}
int main()
{
    //整数栈操作
    stack <int> st1;
    int a[ ]={4,8,3,2};
    cout << "整数栈" << endl;
    cout << " 入栈序列：";
    for (int i=0;i<4;i++)
    {
        cout << a[i] << " ";
        st1.push(a[i]);
    }
```

```
        cout << endl << "  出栈序列："；
        while (!st1.stackempty())
            cout << st1.pop() << " ";
        cout << endl;
        //字符栈操作
        cout << "字符栈" << endl;
        stack <char> st2;
        char b[ ]={'a','d','b','c'};
        cout << "   入栈序列："；
        for    (i=0;i<4;i++)
        {
            cout << b[i] << " ";
            st1.push(b[i]);
        }
        cout << endl << "  出栈序列："；
        while (!st2.stackempty())
            cout << st2.pop() << " ";
        cout << endl;
        return 0;
    }
```

三、实验思考

1．定义一个描述矩阵的类 Array，其数据成员为 3×3 实数矩阵，用 Put()成员函数输入矩阵元素值，重载 "+" 运算符完成两个矩阵的加法。分别用成员函数与友元函数编写运算符重载函数。在主函数中定义矩阵对象 a1、a2、a3，进行矩阵加法 a3=a1+a2 运算，并输出矩阵 a1、a2、a3 的全部元素值。

2．定义描述平面任意点坐标(X,Y)的类 Point，编写 "-" 运算符重载函数，使该函数能求出平面上任意两点的距离。在主函数中用 Point 类定义两个平面点对象 p1(1,1)、p2(4,5)，再定义一个实数 d 用于存放两点间的距离，用表达式 d=p1-p2 计算出两点间的距离，并显示两点 p1、p2 的坐标值与两点距离 d。用成员函数与友元函数两种方法实现上述要求。

3．定义一个人民币类 Money，类中数据成员为元、角、分。用成员函数重载 "++" 运算符，实现人民币对象的加 1 运算。在主函数中定义人民币对象 m1=10 元 8 角 5 分及对象 m2、m3。对 m1 进行前置 "++" 并赋给 m2。对 m1 进行后置 "++" 并赋给 m3。显示 m1、m2、m3 的结果。

4．用友元函数重载 "++" 运算符，实现 3 题中对人民币对象的加 1 运算。

5．定义一个人民币类 Money，类中数据成员为元、角、分。编写类型转换函数，将元、角、分变成以元为单位的等价实数。

6．编写字符串运算符 "="、"+"、"<" 的重载函数，使运算符 "="、"+"、"<" 分别用于字符串的赋值、拼接、比较运算，实现字符串直接操作运算。其中 "=" 与 "<" 运算符重载函数为友元函数，而 "+" 运算符重载函数为成员函数。

7．定义复数类 complex，对 complex 类型的对象重载+、-、*、/。要求采用友元和成员函数两种形式实现。

8．设计一个函数模板 max<T>求一个数组中最大的元素，并以整数数组和字符数组进行调用，最后采用相关数据进行测试。

实验 12　继承与派生

一、实验目的

1．掌握继承和派生的概念，理解基类与派生类的关系。

2．熟悉派生类的构造函数和析构函数是如何工作的，理解类与派生类成员的访问控制的原则。

3．了解多重继承的概念，了解继承与组合的区别。

二、实验内容

1．把交通工具用类的声明定义下来，根据自己的理解给类定义数据成员。

类的声明如下：

```
class vehicle
{
    public:
    int weight;            //重量
    int speed;             //速度
    //…
};
class airplane: public vehicle
{
    public:
    int height;            //飞行高度
     //…
};
class glider: public airplane
{
    public:
    int distance;          //滑翔距离
     //…
};
class helicopter: public airplane
{
    public:
    char fuel[10];         //燃料类型
     //…
};
class jet: public airplane
{
    public:
```

```
        int rate;                        //喷气速度
        //…
    };
```

2. 下面的程序中包含三个错误，找出它们并说明原因。

```
    class MyClass
    {
        public:
        MyClass(int ini) { member = ini; }
        void SetMember(int m) { member = m;}
        int GetMember()    { return member; }
        private:
        int member;
    };
    int main()
    {
        MyClass obj1;
        MyClass obj2(3);
        obj1.member=5;
        MyClass.SetMember(10);
        return 0;
    }
```

3. 设有以下关于点类 point 的定义，请在此基础上派生出一个正方形类 square，用以描述正方形左上角的位置、边长，能够计算正方形的面积。

```
    class point
    {   int x,y;
        public:
        void setxy(int x0,int y0)
        {x=x0;y=y0; }
            int getx() {return x;}
            int gety(){return y;}
    };
```

参考程序如下：

```
    #include<iostream>
    using namespace std;
    class point
    {   int x,y;
        public:
        void setxy(int x0,int y0)
            {x=x0;y=y0;}
        int getx(){return x;}
        int gety(){return y;}
    };
    class square:public point
    {   int w;
        public:
        void sets(int x,int y,int w0)
```

```
            {setxy(x,y);
              w=w0;
            }
            int area(){return w*w;}
            void show()
            { cout<<"position:"<<getx()<<";"<<gety()<<endl;
                cout<<"area="<<area()<<endl;
            }
     };
     int main()
     {    square A;
          A.sets(20,30,10);
          A.show();
          return 0;
     }
```

4．定义一个人员类 person，包括成员变量编号、姓名、性别和用于输入/输出的成员函数。在此基础上派生出学生类 student（增加成绩）和教师类 teacher（增加教龄），并实现对学生和教师信息的输入/输出。

参考程序如下：

```
     #include<iostream>
     using namespace std;
     class person
     {    int num;
          char name[10];
          char sex;
          public:
          void in()
          { cout<<"enter number,name,sex:";
              cin>>num>>name>>sex;
          }
          void out()
          { cout<<"number="<<num<<endl;
              cout<<"name="<<name<<endl;
              cout<<"sex="<<sex<<endl;
          }
     };
     class student:public person
     {    float mark;
          public:
          void input()
          {in();
            cout<<"enter mark:";
            cin>>mark;
          }
          void output()
          {out();
```

```
            cout<<"mark="<<mark<<endl;
        }
    };
    class teacher:public person
    {   int tyear;
        public:
        void input()
        { in();
          cout<<"enter tyear:";
          cin>>tyear;
        }
        void output()
        {out();
          cout<<"tyear="<<tyear<<endl;
        }
    };
    int main()
    {   student st;
        teacher tr;
        st.input();
        st.output();
        tr.input();
        tr.output();
        return 0;
    }
```

三、实验思考

1. 以下程序拟输出信息：

```
    class one
    class two
    class three
```

请在不添加语句的情况下，改正程序中的错误，使之能正确输出信息。

```
    #include<iostream>
    using namespace std;
    class one
    {   public:
        void output (){cout<<"class one"<<endl;}
    };
    class two:public one
    {   public:
        void output()
          {output();
           cout<<"class two"<<endl;
          }
    };
    class three:public two
```

```
    {   public:
        void output()
        {output();
         cout<<"class three"<<endl;
        }
    };
    int main()
    {   three A;
        A.output();
        return 0;
    }
```

2．假设图书馆的图书包含书名、编号、作者属性，读者包含姓名和借书证属性，每位读者最多可借 5 本书，编写程序列出某读者的借书情况。

3．设计一个汽车类 vehicle，包含的数据成员有车轮个数 wheels 和车重 weight。小车类 car 是 vehicle 的私有派生类，其中包含载人数 passenger_load。卡车类 truck 是 vehicle 的私有派生类，其中包含载人数 passenger_load 和载重量 payload，每个类都有相关数据的输出方法。提示：vehicle 类是基类，由它派生出 car 类和 truck 类，将公共的属性和方法放在 vehicle 类中。

4．设计一个圆类 circle 和一个桌子类 table，另设计一个圆桌类 roundtable，它是从前两个类派生的，要求输出一个圆桌的高度、面积和颜色等数据。

5．定义一个字符串类 onestr，包含一个存放字符串的成员变量，能够通过构造函数初始化字符串，通过成员函数显示字符串的内容。在此基础上派生出 twostr 类，增加一个存放字符串的成员变量，并能通过派生类的构造函数传递参数，初始化两个字符串，通过成员函数进行两个字符串的合并以及输出。

实验 13　多态性与虚函数

一、实验目的

1．理解多态性的概念。
2．理解虚函数的作用及使用方法。
3．掌握纯虚函数和抽象类的概念和用法。

二、实验内容

1．分析以下程序，写出程序运行结果。
```
#include<iostream>
using namespace std;
class base
{
    public:
    base(){func();}
    virtual void func(){cout<<"In class base"<<endl;}
    virtual ~base(){cout<<"Destructing base object"<<endl;}
```

```
};
class A:public base
{
    public:
    A(){func();}
    void f(){func();}
    ~A(){fund();}
    void fund(){cout<<"Destructing A object"<<endl;}
};
class B:public A
{
    public:
    B(){}
    void func(){cout<<"In class B"<<endl;}
    ~B(){fund();}
    void fund(){cout<<"Destructing B object"<<endl;}
};
int main()
{
    B b;
    b.func();
    base *p=new A;
    delete p;
    return 0;
}
```

2．几何图形的派生关系如图 1.2 所示。

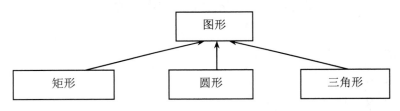

图 1.2　几何图形的派生关系

定义几何图形（Shape）基类，从该基类派生出矩形（Rectangle）、圆形（Circle）和三角形（Triangle），求相应图形的周长、面积（用函数实现）。要求实现运行时的多态性。请编程，并测试。

分析：运行时的多态性要用虚函数并结合指针进行调用。

参考程序如下：

```
#include <iostream>
#include <cmath>
using namespace std;
const double PI=3.1415926535;
class Shape{                                        //几何图形
```

```cpp
    public:
        virtual double perimeter()=0;                              //周长
        virtual double area()=0;                                   //面积
        virtual void Show(){};
};
class Circle :public Shape{                                        //圆
        double radius;
        public:
        Circle(){radius = 0; }
        Circle(double vv){radius = vv;}
        double perimeter(){return 2.0*PI*radius;}                  //周长
        double area(){return PI*radius*radius;}                    //面积
        void Show(){cout<<"radius="<<radius<<endl;}
};
class Rectangle:public Shape{                                      //矩形
        double width,length;
        public:
        Rectangle(){width=0; length=0;}                            //长宽
        Rectangle(double wid,double len){
            width = wid;
            length= len;
        }
        Rectangle(Rectangle& rr){
            width = rr.width;
            length = rr.length;
        }
        double perimeter(){return 2.0*(width+length);}             //周长
        double area(){return width*length;}                        //面积
        void Show(){cout<<"width="<<width<<'\t'<<"length="<<length<<endl;}
};
class Triangle:public Shape{                                       //三角形
        double a,b,c;
        public:
        Triangle(){a=0;b=0;c=0;}
        Triangle(double v1,double v2,double v3){a = v1;b = v2;c = v3;}
        double perimeter(){return a+b+c;}                          //周长
        double area(){
            double s=(a+b+c)/2.0;
            return sqrt(s*(s-a)*(s-b)*(s-c));
        }                                                          //面积
        void Show(){cout<<"a="<<a<<'\t'<<"b="<<b<<'\t'<<"c="<<c<<endl;}
};
int main(){
    Shape * shape;
    Circle cc1(10);
    Rectangle rt1(6,8);
```

```
Triangle tg1(3,4,5);
cc1.Show();                                                    //静态
cout<<"圆周长："<<cc1.perimeter()<<'\t';
cout<<"圆面积："<<cc1.area()<<'\t'<<endl;
shape=&rt1;                                                    //动态
shape->Show();
cout<<"矩形周长："<<shape->perimeter()<<'\t';
cout<<"矩形面积："<<shape->area()<<'\t'<<endl;
shape=&tg1;                                                    //动态
shape->Show();
cout<<"三角形周长："<<shape->perimeter()<<'\t';
cout<<"三角形面积："<<shape->area()<<'\t'<<endl;
return 0;
}
```

三、实验思考

1. 以点（point）类为基类，重新定义圆类。点为直角坐标点。圆由圆心和半径定义。派生类操作判断任一坐标点是在图形内，还是在图形的边缘上，还是在图形外。默认初始化图形退化为点。要求包括复制构造函数。编程测试类设计是否正确（判断一个点与圆的位置关系，可以先计算该点与圆心的距离，当距离等于半径时，表明该点在圆上，当距离小于半径时，表明该点在圆内，当距离大于半径时，表明该点在圆外）。

2. 定义一个 BaseLength，它把长度存储为一个整数值，从 BaseLength 派生一个成员函数 length()，该函数返回一个指定长度的 double 值，从 BaseLength 派生一些类 Inches、Meters、Yards、Perches，并重写基类的 length() 函数，把长度返回为相应单位的 double 值（1 英寸=25.4 毫米，1 米=1000 毫米，1 码=36 英寸，1 杆（US）=5.5 码），定义一个 main() 函数，读取一系列不同单位的长度，创建相应的派生类对象，把它们的地址存储在 BaseLength*类型的数组中，以毫米和原单位输出每个长度。

3. 定义转换运算函数，把第一题中的每个派生类型转换为其他派生类型，例如，在 Inches 类中，定义成员 operator Meters()、operator Perches() 和 operator Yards()，在 main() 中添加代码，以 4 种不同的单位输出每个长度值（转换运算符不需要指定返回值，因为返回类型在名称中隐含了）。

4. 定义一个基类 Animal，它包含两个私有数据成员，一个是成员 name，存储动物的名称，一个是成员 weight，存储动物的重量（单位是千克），该基类还包含一个公共的虚拟函数 who() 和一个纯虚函数 sound()，公共的虚拟函数 who() 返回一个字符串对象，该对象包含了 Animal 对象的名称和重量，纯虚函数 sound() 在派生类中应返回一个字符串对象，表示该动物发出的声音，把 Animal 类作为一个公共基类，派生至少三个类 Sheep、Dog 和 Cow，在每个类中实现 sound() 函数。

定义一个类 Zoo，它至多可以在一个数组中存储 100 种不同类型的动物（使用指针数组），编写一个 main() 函数，创建给定数量的派生类对象的序列，在 Zoo 对象中存储这些对象的指针，使用 Zoo 对象的一个成员函数，输出 Zoo 中每个动物的信息，以及每个动物发出的声音。

实验 14　输入/输出流

一、实验目的

1．深入理解 C++的输入/输出流的含义与其实现方法。
2．掌握标准输入/输出流的应用，包括格式输入/输出。
3．掌握文本文件和二进制文件的读写方法。
4．掌握文件的随机存取方法。
5．掌握字符串流的应用。

二、实验内容

1．在屏幕上输出 26 个大写英文字母的 ASCII 码，要求以十六进制数的形式输出，每十个一行，采用流成员函数控制输出格式。

参考程序如下：

```
#include <iostream>
using namespace std;
int main()
{   int i;
    cout.setf(ios::hex| ios::showbase | ios::uppercase);
    for(i=0;i<26;i++)
    { cout.width(6);
      cout<<('A'+i);
      if (i%10==9) cout.put('\n');
    }
    cout.put('\n');
    return 0;
}
```

2．从键盘输入多行文本，要求：使用成员函数实现输入过程，统计每一行字符的个数，在屏幕上显示行数和最长行的字符个数。

参考程序如下：

```
#include <iostream>
using namespace std;
const int SIZE=80;
int main()
{
    int lcnt=0,lmax=-1;
    char buf[SIZE];
    cout<<"Input...\n";
    while(cin.getline(buf,SIZE))
    {
      int count=cin.gcount();
      lcnt++;
```

```
            if (count>lmax) lmax=count;
            cout<<"Line # "<<lcnt<<"\t"<<"chars read:"<<count<<endl;
            cout.write(buf,count).put('\n').put('\n');
          }
        cout<<endl;
        cout<<"Total line: "<<lcnt<<endl;
        cout<<"Longest line: "<<lmax<<endl;
        return 0;
      }
```

3．以当前时间为种子，生成 100 个 0～999 之间的随机数，分别放入文本文件 random.txt 和二进制文件 random.dat 中。对送入文本文件中的数，要求存放格式是每行 10 个数，每个数占 6 个字符，左对齐。

参考程序如下：

```
      #include <fstream>
      #include <iomanip>
      #include <stdlib >
      #include <time>
      using namespace std;
      const int n=100;
      int main()
      { ofstream ofile1;
        ofstream ofile2;
        int i,j;
        ofile1.open("random.txt");
        ofile2.open("random.dat",ios::binary);
        ofile1.setf(ios::left );
        srand( (unsigned)time( NULL));            //产生一个以当前时间开始的随机种子
        for(i=0;i<n;i++){
          j=rand()%1000;
          ofile1<<setw(6)<<j;
          if (i%10==9) ofile1<<endl;              //每行 10 个数据
          ofile2.write((char*)&j,sizeof(int));}
        ofile1.close();
        ofile2.close ();
        return 0;
      }
```

4．从第 3 题产生的文件 random.dat 中读取数据，并统计位于 500～800 之间的数的个数。
参考程序如下：

```
      #include <fstream>
      using namespace std;
      const int n=100;
      int main()
      { ifstream ifile1;
        int i,j,count=0;
        ifile1.open("random.dat",ios::binary);
```

```
        for(i=0;i<n;i++){
            ifile1.read((char*)&j,sizeof(int));
            if (j>=500 && j<=800) count++; }
        cout<<"满足条件的数有"<<count<<"个"<<endl;
        ifile1.close ();
        return 0;
    }
```

5．编写程序实现：从键盘输入若干条记录，每条记录包含姓名、年龄、工资 3 个数据项，将信息存入文本文件 data.txt。然后从该文件中读取信息，在每条记录前加记录号（数字和一个空格），将内容写入另一文件 backup.txt。

参考程序如下：

```cpp
#include <fstream>
using namespace std;
struct Record
{
    char name[30];
    char age[30];
    char salary[30];
    void Display()
    {
        cout<<"姓名："<<name<<"\t 年龄："<<age<<"\t 工资："<<salary<<endl;
    }
};
void WriteFile(ofstream &file,Record &data)
{
    file<< data.name <<' '<< data.age <<' '<< data.salary << endl;
}
void ReadFile(ifstream &file,Record &data)
{
    file>> data.name >> data.age >> data.salary;
}
int main()
{
    int i,id;
    char *fname1="e:\\exercise\\data.txt";
    char *fname2="e:\\exercise\\backup.txt";
    Record data;
    //创建文件并写入数据
    ofstream xfile(fname1);
    if ( !xfile )
    {
        cerr << "不能打开文件!" << endl;
        return;
    }
    for (i=0; i<3; i++)
    {
```

```
            cout << "请输入"<<i+1<<"个人的姓名、年龄和工资： " << endl;
            cin >> data.name>> data.age>> data.salary;
            WriteFile(xfile,data);
        }
        xfile.close();
        //备份文件
        ifstream infile(fname1);
        if (!infile)
        {
            cout << "不能打开源文件" << endl;
            return;
        }
        ofstream outfile(fname2);
        if (!outfile)
        {
            cout << "不能建立备份文件" << endl;
            return;
        }
        id=1;
        while (!infile.eof() )
        {
            ReadFile(infile,data);
            if (infile.eof()) break;
            outfile << id++ << " ";          //记录加标号
            WriteFile(outfile,data);
        }
        outfile.close();
        infile.close();
        return 0;
    }
```

6．从一个字符串中得到每一个整数，并把它们依次存入另一个字符串流中，最后向屏幕输出这个字符串流。

分析：假定待处理的一个字符串是从键盘输入得到的，把它存入到字符数组 a 中，并且要把 a 定义为一个输入字符串流 s_in，还需要定义一个输出字符串流 s_out，假定对应的字符数组为 b，用它保存依次从输入流中得到的整数。该程序的处理过程需要使用一个 while 循环，每次从 s_in 流中得到一个整数，并把它输出到 s_out 流中。

参考程序如下：

```
#include <strstrea>
using namespace std;
int main()
{
    char a[50];
    char b[50];
    istrstream s_in(a);
    ostrstream s_out(b,sizeof(b));
```

```
        cin.getline(a,sizeof(a));
        char ch=' ';
        int x;
        while(ch!='\0') {                    //字符串流是否结束
            if (ch>=48 && ch<=57) {
                s_in.putback(ch);
                s_in>>x;
                s_out<<x<<' ';
            }
            s_in.get(ch);
        }
        s_out<<ends;                         //向 sout 流输出字符串结束符'\0'
        cout<<b;                             //输出字符串流 sout 对应的字符串
        cout<<endl;
        return 0;
    }
```

三、实验思考

1．从键盘输入以下数据，然后在屏幕上输出，要求用流成员函数控制输出格式。其中的整数域宽 10 个字符，左对齐，空白处以"*"号填充；浮点数域宽 15 个字符，输出到小数点后第 6 位。

12345   897.126

2．编写程序实现将文本文件 s.txt 的内容复制到另一文件 d.txt 中。要求分别用以下三种方式：

（1）用提取运算符读写文件。

（2）用成员函数 get()和 put()读写文件。

（3）用成员函数 getline()读文件。

分别运行程序，验证运行结果。总结以上三种方式的区别。

3．将 1～200 的平方根存入二进制文件 binary.dat。

4．读出第 3 题产生的二进制文件 binary.dat 中的偶数的平方根，并计算它们的和。

5．编程统计一个文本文件中各元音字母（a 或 A、o 或 O、i 或 I、e 或 E、u 或 U）的个数。

6．编写程序实现：

（1）建立一个通讯簿文件，存入 5 个联系人的数据（包括姓名、家庭电话、手机号）。

（2）从键盘输入另外两个联系人的数据，增加到文件的末尾。

（3）输出文件中的全部数据。

（4）从键盘输入一个手机号码，查询文件中有无此手机号。如有，则显示该联系人全部信息；如没有，则显示"无此电话！"。

7．从键盘输入一串字符，该串字符中仅有数字、空格，用字符串流的方法逐个读取这个字符串中的每个数（空格作为各个数的间隔），并计算这些数的平均值。

实验 15　综合程序设计

一、实验目的

1．加深对 C++程序设计所学知识的理解，学会编写结构清晰、风格良好、数据结构适当的 C++程序。

2．进一步掌握结构化程序设计方法和面向对象程序设计方法。掌握一个实际应用项目的分析、设计以及实现的过程，得到软件设计与开发的初步训练。

3．本实验内容可以作为课程设计的内容。

二、实验内容

1．线性方程组求解问题。

一物理系统可用下列线性方程组来表示：

$$\begin{bmatrix} m_1\cos\cos\theta & -m_1 & -\sin\sin\theta & 0 \\ m_1\sin\sin\theta & 0 & \cos\cos\theta & 0 \\ 0 & m_2 & -\sin\sin\theta & 0 \\ 0 & 0 & -\cos\cos\theta & 1 \end{bmatrix}\begin{bmatrix} a_1 \\ a_2 \\ N_1 \\ N_2 \end{bmatrix} = \begin{bmatrix} 0 \\ m_1 g \\ 0 \\ m_2 g \end{bmatrix}$$

从文件中读入 m_1、m_2 和 θ 的值，求 a_1、a_2、N_1 和 N_2 的值。其中 g 取 9.8，输入 θ 时以角度为单位。

要求：

（1）选择一种方法（例如高斯消去法、矩阵求逆法、三角分解法、追赶法等），编写求解线性方程组 Ax=B 的函数，要求该函数能求解任意阶线性方程组。具体方法可参考有关计算方法方面的文献资料。

（2）在主函数中调用上面定义的函数来求解。

分析：可以参考用高斯（Gauss）消去法求解 n 阶线性方程组 Ax=B 的程序。算法思路如下：

首先输入系数矩阵 A、阶数 n 以及值向量 B，接着对于 k=0～n-2，从 A 的第 k 行、第 k 列开始的右下角子矩阵中选择绝对值最大的元素作为主元素，每行分别除以主元素，使主元素为 1，消去主元素右边的系数；最后利用最后一行方程求解出解向量的最后分量，回代依次求出其余分量，输出结果。

参考程序如下：

```
#include<stdlib>
#include <math>
#include <iostream>
using namespace std;
#define MAX 255
int Gauss(double a[],double b[],int n)
{
    int *js,l,k,i,j,is,p,q;
```

```
double d,t;
js= new int[n];
l=1;
for (k=0;k<=n-2;k++)
{
    d=0.0;
    //下面是换主元部分，即从系数矩阵 A 的第 k 行、第 k 列之下的部分
    //选出绝对值最大的元，交换到对角线上
    for (i=k;i<=n-1;i++)
        for (j=k;j<=n-1;j++)
        {
            t=fabs(a[i*n+j]);
            if (t>d) { d=t; js[k]=j; is=i;}
        }
    if (d+1.0==1.0) l=0;                        //主元为 0
    else                                        //主元不为 0 的时候
    {
        if (js[k]!=k)
            for (i=0;i<=n-1;i++)
            {
                p=i*n+k; q=i*n+js[k];
                t=a[p]; a[p]=a[q]; a[q]=t;
            }
        if (is!=k)
        {
            for (j=k;j<=n-1;j++)
            {
                p=k*n+j; q=is*n+j;
                t=a[p]; a[p]=a[q]; a[q]=t;
            }
            t=b[k]; b[k]=b[is]; b[is]=t;
        }
    }
    if (l==0)
    {
        delete(js); cout<<"fail"<<endl;
        return(0);
    }
    d=a[k*n+k];
    for (j=k+1;j<=n-1;j++)                       //下面为归一化部分
    {
        p=k*n+j; a[p]=a[p]/d;
    }
    b[k]=b[k]/d;
    for (i=k+1;i<=n-1;i++)                       //下面为矩阵 A、B 消元部分
    {
```

```
                    for (j=k+1;j<=n-1;j++)
                    {
                        p=i*n+j;
                        a[p]=a[p]-a[i*n+k]*a[k*n+j];
                    }
                    b[i]=b[i]-a[i*n+k]*b[k];
                }
            }
            d=a[(n-1)*n+n-1];
            if (fabs(d)+1.0==1.0)                    //矩阵无解或有无限多解
            {
                delete(js); cout<<"该矩阵为奇异矩阵"<<endl;
                return(0);
            }
            b[n-1]=b[n-1]/d;
            for (i=n-2;i>=0;i--)                     //下面为迭代消元
            {
                t=0.0;
                for (j=i+1;j<=n-1;j++)
                    t=t+a[i*n+j]*b[j];
                b[i]=b[i]-t;
            }
            js[n-1]=n-1;
            for (k=n-1;k>=0;k--)
                if (js[k]!=k)
                { t=b[k]; b[k]=b[js[k]]; b[js[k]]=t;}
            delete(js);
            return(1);
        }


int main()
{
    int i,n;
    double A[MAX];
    double B[MAX];
    cout<<"This is a program to solve N order linear equation set Ax=B."<<endl;
    cout<<"It use Gauss Elimination Method to solve the equation set:"<<endl;
    cout<<"     a(0,0)x0+a(0,1)x1+a(0,2)x2+...+a(0,n-1)xn-1=b0"<<endl;
    cout<<"     a(1,0)x0+a(1,1)x1+a(1,2)x2+...+a(1,n-1)xn-1=b1"<<endl;
    cout<<"     ......"<<endl;
    cout<<"     a(n-1,0)x0+a(n-1,1)x1+a(n-1,2)x2+...+a(n-1,-1)xn-1=bn-1"<<endl;
    cout<<" >> Please input the order n (>1): ";
    cin>>n;
    cout<<" >> Please input the "<<n*n<<" elements of matrix A("<<n<<"*"<<n<<") one by
one:"<<endl;
    for(i=0;i<n*n;i++)
```

```
        cin>>A[i];
        cout<<" >> Please input the "<<n<<" elements of matrix B("<<n<<"*1) one by one:"<<endl;
        for(i=0;i<n;i++)
        cin>>B[i];
        if (Gauss(A,B,n)!=0)                    //调用 Gauss 消去，1 为计算成功
        cout<<": >> The solution of Ax=B is x("<<n<<"*1):"<<endl;

        for (i=0;i<n;i++)                       //打印结果
            cout<<"x("<<i<<")="<<B[i]<<"   ";
        cout<<"\n Press any key to quit...";
        return 0;
    }
```

2．线性病态方程组问题。

下面是一个线性病态方程组：

$$\begin{bmatrix} 1/2 & 1/3 & 1/4 \\ 1/3 & 1/4 & 1/5 \\ 1/4 & 1/5 & 1/6 \end{bmatrix} \begin{bmatrix} x_1 \\ x_2 \\ x_3 \end{bmatrix} = \begin{bmatrix} 0.95 \\ 0.67 \\ 0.52 \end{bmatrix}$$

（1）求方程的解。

（2）将方程右边向量元素 b_3 改为 0.53，再求解，并比较 b_3 的变化和解的相对变化。

（3）计算系数矩阵 A 的条件数并分析结论。

矩阵 A 的条件数等于 A 的范数与 A 的逆矩阵的范数的乘积，即 $cond(A) = \|A\| \cdot \|A^{-1}\|$。这样定义的条件数总是大于 1 的。条件数越接近于 1，矩阵的性能越好，反之，矩阵的性能越差。

矩阵 A 的条件数 $cond(A) = \|A\| \cdot \|A^{-1}\|$，其中 $\|A\| = \max\limits_{1 \leqslant j \leqslant n} \left\{ \sum\limits_{i=1}^{m} |a_{ij}| \right\}$，$a_{ij}$ 是矩阵 A 的元素。

要求：

（1）方程的系数矩阵、常数向量均从文件中读入。

（2）定义求解线性方程组 Ax=B 的函数，要求该函数能求解任意阶线性方程组。具体方法可参考有关计算方法方面的文献资料。

（3）在主函数中调用函数求解。

分析：可以参考 n×n 矩阵求逆的程序。采用高斯-约当全选主元法，算法思路如下：

首先输入 n×n 阶矩阵 A，接着对于 k 从 0～n-1，从第 k 行、第 k 列开始的右下角子矩阵中选取绝对值最大的元素，并记住此元素所在的行号和列号，再通过行交换和列交换将它交换到主元素位置上。这一步称为全选主元。方法如下：

```
a(k,k)=1/a(k,k)                        //主元素取倒数作为新的主元素
a(k,j)=a(k,j)*a(k,k),j=0,1,...,n-1,j≠k  //k 行非主元素都乘以主元素
a(i,j)=a(i,j)-a(i,k)*a(k,j),i,j=0,1,...,n-1,i,j≠k  //非 k 行 k 列的值减去其相应行 k 列值与相应列 k 行值的乘积
a(i,k)=-a(i,k)*a(k,k),i=0,1,...,n-1,i≠k  //非 k 列的值乘以主元素再取反
```

最后，根据在全选主元过程中所记录的行、列交换的信息进行恢复。恢复的原则如下：在全选主元过程中，先交换的行（列）后进行恢复；原来的行（列）交换用列（行）交换来恢复。

参考程序如下：

```
#include <iostream>
#include <iomanip>
```

```cpp
#include <stdlib>
#include <math>
using namespace std;
#define MAX 255
void MatrixMul(double a[],double b[],int m,int n,int k,double c[])      //实矩阵相乘
{
    int i,j,l,u;
    for (i=0; i<=m-1; i++)                              //逐行逐列计算乘积
        for (j=0; j<=k-1; j++)
        {
            u=i*k+j; c[u]=0.0;
            for (l=0; l<=n-1; l++)
                c[u]=c[u]+a[i*n+l]*b[l*k+j];
        }
        return;
}
int brinv(double a[],int n)                            //求矩阵的逆矩阵，n 为矩阵的阶数，a 为矩阵 A
{
    int *is,*js,i,j,k,l,u,v;
    double d,p;
    is=new int[n];
    js=new int[n];
    for (k=0; k<=n-1; k++)
    {
        d=0.0;
        for (i=k; i<=n-1; i++)
            for (j=k; j<=n-1; j++)                     //全选主元，即选取绝对值最大的元素
            {
                l=i*n+j; p=fabs(a[l]);
                if (p>d) { d=p; is[k]=i; js[k]=j;}
            }
        if (d+1.0==1.0)                                //全部为 0，此时为奇异矩阵
        {
            delete(is); delete(js);
            cout<<" >> This is a singular matrix, can't be inversed!"<<endl;
            return(0);
        }
        if (is[k]!=k)                                  //行交换
            for (j=0; j<=n-1; j++)
            {
                u=k*n+j; v=is[k]*n+j;
                p=a[u]; a[u]=a[v]; a[v]=p;
            }
        if (js[k]!=k)                                  //列交换
            for (i=0; i<=n-1; i++)
            {
```

```
            u=i*n+k; v=i*n+js[k];
            p=a[u]; a[u]=a[v]; a[v]=p;
        }
    l=k*n+k;
    a[l]=1.0/a[l];                          //求主元的倒数
    for (j=0; j<=n-1; j++)                   //a[kj]a[kk] -> a[kj]
        if (j!=k)
        {
            u=k*n+j; a[u]=a[u]*a[l];
        }
    for (i=0; i<=n-1; i++)                   //a[ij] - a[ik]a[kj] -> a[ij]
        if (i!=k)
            for (j=0; j<=n-1; j++)
                if (j!=k)
                {
                    u=i*n+j;
                    a[u]=a[u]-a[i*n+k]*a[k*n+j];
                }
    for (i=0; i<=n-1; i++)                   //-a[ik]a[kk] -> a[ik]
        if (i!=k)
        {
            u=i*n+k; a[u]=-a[u]*a[l];
        }
}
for (k=n-1; k>=0; k--)
{
    if (js[k]!=k)                            //恢复列
        for (j=0; j<=n-1; j++)
        {
            u=k*n+j; v=js[k]*n+j;
            p=a[u]; a[u]=a[v]; a[v]=p;
        }
    if (is[k]!=k)                            //恢复行
        for (i=0; i<=n-1; i++)
        {
            u=i*n+k; v=i*n+is[k];
            p=a[u]; a[u]=a[v]; a[v]=p;
        }
}
delete(is);
delete(js);
return(1);
}
print_matrix(double a[],int n)              //打印矩阵 a 的元素
{
    int i,j;
```

```cpp
        for (i=0; i<n; i++)
        {
            for (j=0; j<n; j++)
                cout<<setprecision(7)<<setiosflags(ios::fixed)<<a[i*n+j]<<"\t";
            cout<<endl;
        }
    }
    int main()
    {
        int i,j,n=0;
        double A[MAX],B[MAX],C[MAX];
        static double a[4][4]={ {0.2368,0.2471,0.2568,1.2671},
        {1.1161,0.1254,0.1397,0.1490},
        {0.1582,1.1675,0.1768,0.1871},
        {0.1968,0.2071,1.2168,0.2271}};
        static double b[4][4],c[4][4];
        cout<<"**********************************************************"<<endl;
        cout<<"*      This program is to inverse a square matrix A(nxn).    *"<<endl;
        cout<<"**********************************************************"<<endl;
        while(n<=0)
        {
            cout<<" >> Please input the order n of the matrix (n>0): ";
            cin>>n;
        }
        cout<<" >> Please input the elements of the matrix one by one:"<<endl;
        cout<<">>";
        for(i=0;i<n*n;i++)
        {
            cin>>A[i];
            B[i]=A[i];
        }
        for(i=0;i<4;i++)
            for(j=0;j<4;j++)
                b[i][j]=a[i][j];
        i=brinv(A,n);
        if (i!=0)
        {
            cout<<"      Matrix A:"<<endl;
            print_matrix(B,n);
            cout<<endl;
            cout<<"      A's Inverse Matrix A-:"<<endl;
            print_matrix(A,n);
            cout<<endl;
            cout<<"      Product of A and A- :"<<endl;
            MatrixMul(B,A,n,n,n,C);
            print_matrix(C,n);
```

```
            }
        cout<<endl<<" Press any key to quit...";
        return 0;
    }
```

3．设计一个学生成绩管理程序。输入一个班级的学生基本信息（包括学号、姓名、各科成绩），对考试成绩进行管理（假设为英语、数学、化学三门成绩），实现以下功能：

（1）用户录入每个学生每门课程的分数。

（2）能够计算每个学生的平均分，并能按平均成绩排序，显示每个学生的平均分和排名。

（3）能够显示成绩列表。

（4）能够按学号排序。

（5）能够按学号查找、删除学生的信息。

（6）将成绩数据存入文件。

（7）将成绩数据从文件读出。

分析：

（1）数据对象的设计。

根据题目要求，可以设计一个结构体存放学生基本信息和成绩信息，考虑到学生人数是变化的，因此用链表结构来处理比较好，结构体定义如下：

```
struct Stu_score{
    int num;
    int mark[3];
    string name;
    Stu_score *next;
    float aver;                    //三门课的平均成绩
};
```

再设计一个 Student 类，将该结构体指针和针对该指针的一些基本操作放入该类中，类的定义如下：

```
class Student{
    private:
    Stu_score *head;
    void Swap(Stu_score *,Stu_score *);    //交换两个 Stu_score 对象的数据域
    void Print(Stu_score *);               //输出一指定的记录
    Stu_score *Find(int);                  //查找条例条件的记录，并返回该记录的指针
    public:
    Student(){head=NULL;}
    Stu_score *get_head(){return head;}
    int ListCount();                       //统计当前链表的记录总数，返回一个整数
    void AddItem(int num, string name, int mark[3]);    //添加一条记录到表尾
    void RemoveItem(int);                  //删除一条指定的记录
    void List();                           //列出当前链表中的所有记录
    void Sort_by_num();                    //对当前链表按学号进行排序
    void Sort_by_aver();                   //对当前链表按平均成绩进行排序
    void Search(int);                      //在当前链表查找指定记录并输出
```

```
    int Average();                          //计算平均成绩
};
```

（2）程序功能设计。

设计程序功能的总体结构，如图 1.3 所示。从这个结构框图可以看出，用链表实现学生成绩管理的程序被设计成一个大的循环结构，每种功能都用菜单项列出，可以根据需要设计功能，确定相应的菜单项，原则上每个功能可用不同的子程序去实现，以完成相应的功能。

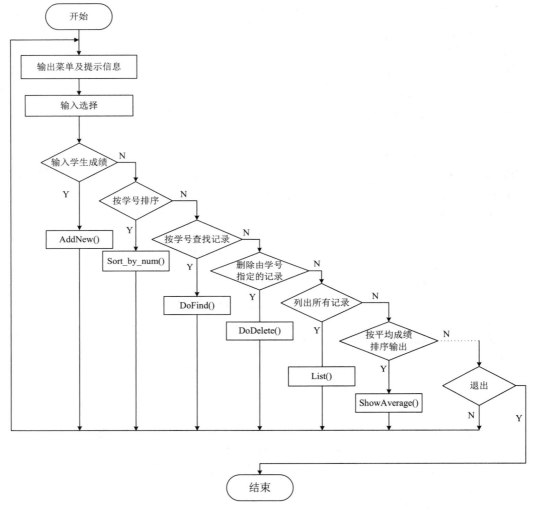

图 1.3　学生成绩管理程序框图

（3）参考程序如下：

```cpp
//学生成绩管理系统 main.cpp
#include<fstream>
#include<iostream>
#include<string>
using namespace std;
```

```
struct Stu_score{
    int num;
    int mark[3];
    string name;
    Stu_score *next;
    float aver;                        //三门课的平均成绩
};
//定义 Student 类
class Student{
    private:
    Stu_score *head;
    void Swap(Stu_score *,Stu_score *);    //交换两个 Stu_score 对象的数据域
    void Print(Stu_score *);               //输出一指定的记录
    Stu_score *Find(int);                  //查找条例条件的记录,并返回该记录的指针
    public:
    Student(){head=NULL;}
    Stu_score *get_head(){return head;}
    int ListCount();                       //统计当前链表的记录总数,返回一个整数
    void AddItem(int num, string name, int mark[3]);    //添加一条记录到表尾
    void RemoveItem(int);                  //删除一条指定的记录
    void List();                           //列出当前链表中的所有记录
    void Sort_by_num();                    //对当前链表按学号进行排序
    void Sort_by_aver();                   //对当前链表按平均成绩进行排序
    void Search(int);                      //在当前链表查找指定记录并输出
    int Average();                         //计算平均成绩
};
//类成员函数开始
int Student::ListCount(){                  //统计当前链表的记录总数,返回一个整数
    if (! head)return 0;
    Stu_score *p=head;
    int n=0;
    while(p){
        n++;
        p=p->next;
    }
    return n;
}
void Student::AddItem(int num, string name, int mark[3]){    //添加一条记录到表尾
    if (! head){
        head=new Stu_score;
        for(int i=0;i<3;i++)
            head->mark[i]=mark[i];
        head->num=num;
```

```
            head->name=name;
            head->next=NULL;
            return;
        }
        Stu_score *t=head;
        while(t && t->num!=num)
            t=t->next;
        if (t){
            cout<<"操作失败：学号为"<<num<<"的记录已经存在！"<<endl;
            return;
        }
        Stu_score *p=head;
        while(p->next)p=p->next;
        Stu_score *p1=new Stu_score;
        p1->num=num;
        for(int i=0;i<3;i++)
            p1->mark[i]=mark[i];
        p1->name=name;
        p1->next=NULL;
        p->next=p1;
        return;
    }
    void Student::RemoveItem(int num){        //删除一条指定的记录
        Stu_score *t=Find(num);
        if (! t)return;
        Stu_score *p=head;
        //如果要删除的记录位于表头
        if (head==t){
            head=head->next;
            delete p;
            cout <<"成功删除学号为 "<<num<<" 的记录!"<<endl<<endl;
            return;
        }
        while(p->next!=t)p=p->next;
        Stu_score *p1=p->next;
        p->next=p1->next;
        delete p1;
        cout <<"成功删除学号为 "<<num<<" 的记录!"<<endl<<endl;
        return;
    }
    void Student::Print(Stu_score *p){        //输出一条 Stu_score 指定的记录
        cout.precision(3);
        cout<<p->num<<"\t\t";
```

```
        cout<<p->name<<"\t\t";
        cout<<p->mark[0]<<"\t"<<p->mark[1]<<"\t"<<p->mark[2]<<"\t"<<p->aver<<endl;
        return;
    }
    void Student::List(){                        //列出当前链表中的所有记录
        if (ListCount==0){
            cout <<"错误：当前的列表为空！"<<endl;
            return;
        }
        Stu_score *p=head;
        cout<<"共有记录："<<ListCount()<<endl;
        cout<<"学号\t\t 姓名\t\t 英语\t 数学\t 化学\t 平均分"<<endl;
        while(p){
            Print(p);
            p=p->next;
        }
        cout <<endl;
        return;
    }
    void Student::Search(int num){               //在当前链表查找指定记录并输出
        cout <<"Searching...."<<endl;
        Stu_score *p=Find(num);
        if (p){
            cout<<"学号\t\t 姓名\t\t 英语\t 数学\t 化学\t 平均分"<<endl;
            Print(p);
        }
        cout <<endl;
    }
    Stu_score *Student::Find(int num){
        if (ListCount()==0){
            cout <<"错误：当前的列表为空！"<<endl;
            return NULL;
        }
        Stu_score *p=head;
        while(p){
            if (p->num==num)break;
            p=p->next;
        }
        if (! p){
            cout <<"错误：找不到该记录!\n";
            return NULL;
        }
        return p;
```

```
    }
    void Student::Swap(Stu_score *p1, Stu_score *p2){       //交换两个 Stu_score 对象的数据域
        int i;
        Stu_score *temp=new Stu_score;
        temp->num=p1->num;
        p1->num=p2->num;
        p2->num=temp->num;
        for(i=0;i<3;i++)
            temp->mark[i]=p1->mark[i];
        for(i=0;i<3;i++)
            p1->mark[i]=p2->mark[i];
        for(i=0;i<3;i++)
            p2->mark[i]=temp->mark[i];
        temp->name=p1->name;
        p1->name=p2->name;
        p2->name=temp->name;
        temp->aver=p1->aver;
        p1->aver=p2->aver;
        p2->aver=temp->aver;
    }
    void Student::Sort_by_num(){               //对当前链表按学号进行排序
        cout <<"Sorting..."<<endl;
        if (ListCount()<2) return;
        Stu_score *temp=NULL,*p=NULL,*p1=NULL,*p2=NULL,*k=NULL;
        int n=ListCount(),i,j;
        p=head;
        for(i=1;i<n;i++){
            k=p;
            p1=p->next;
            for(j=0;j<n-i;j++){
                if (k->num > p1->num){
                    k=p1;
                }
                p1=p1->next;
            }
            if (p!=k)Swap(k,p);
            p=p->next;
        }
        cout <<"Complete successfully!"<<endl<<endl;
        return;
    }
    void Student::Sort_by_aver(){               //对当前链表按平均成绩进行排序
        cout <<"Sorting..."<<endl;
```

```
        if (ListCount()<2) return;
        Stu_score *temp=NULL,*p=NULL,*p1=NULL,*p2=NULL,*k=NULL;
        int n=ListCount(),i,j;
        p=head;
        for(i=1;i<n;i++){
            k=p;
            for(j=0;j<n-i;j++){
                p1=k->next;
                if (k->aver < p1->aver){
                    Swap(k,p1);
                }
                k=k->next;
            }
        }
        cout <<"Complete successfully!"<<endl<<endl;
        return;
    }


int Student::Average(){                      //计算平均成绩
    int i;
    if (ListCount()==0){
        cout <<"错误：当前的列表为空！ "<<endl;
        return -1;
    }
    float sum,n=0;
    Stu_score *p=head;
    while(p){
        sum=0;
        for(i=0;i<3;i++)
            sum += p->mark[i];
        p->aver = sum / 3;
        p=p->next;
        n++;
    }
    return 0;
}
Student student;                             //定义全局变量
int Menu(){
    cout <<"==========[主菜单]=========="<<endl;
    int n=1,select=-1;
    cout <<n++<<".输入学生成绩;"<<endl<<endl;
    cout <<n++<<".按学号排序;"<<endl<<endl;
    cout <<n++<<".按学号查找记录;"<<endl<<endl;
```

```
        cout <<n++<<".删除由学号指定的记录;"<<endl<<endl;
        cout <<n++<<".列出所有记录;"<<endl<<endl;
        cout <<n++<<".按平均成绩排序输出;"<<endl<<endl;
        cout <<n++<<".从数据文件导入成绩;"<<endl<<endl;
        cout <<n++<<".将成绩导出到磁盘文件;"<<endl<<endl;
        cout <<"0.退出;"<<endl<<endl;
        cout <<"[请选择（输入相应数字）]： ";
        cin >>select;
        return select;
    }
    char Exit(){                            //返回一个字符，用于确认退出
        char s;
        cout<<"确定要退出程序吗？[Y/N]： ";
        cin >>s;
        return s;
    }
    void Input(int *num, string *name, int mark[3]){    //输入学生信息
        cout <<"请输入学号、姓名、英语、数学、化学： "<<endl;
        cin   >>*num;
        if (*num==-1)return;
        cin >>*name>>mark[0]>>mark[1]>>mark[2];
        return;
    }


    void Sort_by_num(){                     //按学号排序
        student.Sort_by_num();
    }


    void AddNew(){                          //增加记录
        int num=0,mark[3]={0};
        string name="";
        cout<<endl<<"当输入的学号为-1 时表示结束输入."<<endl;
        Input(&num, &name, mark);
        while(num!=-1){
            student.AddItem(num,name,mark);
            student.Average();
            Input(&num, &name, mark);
        }
        return;
    }
    void DoFind(){                          //按学号查找
        int num;
        cout<<endl<<"当输入的学号为-1 时表示结束输入."<<endl;
```

```
        do{
            cout <<"请输入要查找的学生的学号： ";
            cin>>num;
            if (num==-1)continue;
            student.Search(num);
        }while(num!=-1);
        return;
    }
    void DoDelete(){                        //删除记录
        cout<<endl<<"当输入的学号为-1 时表示结束输入."<<endl;
        int num;
        do{
            cout <<"请输入要删除的学生的学号： ";
            cin>>num;
            if (num==-1)continue;
            student.RemoveItem(num);
        }while(num!=-1);
        return;
    }


    void List(){
        student.List();                     //学生成绩列表
    }
    void ShowAverage(){                     //按平均成绩排序输出
        student.Sort_by_aver();
        if (student.ListCount()==0){
            cout <<"错误：当前的列表为空！ "<<endl;
            return ;
        }
        int n=0;
        cout.precision(3);
        Stu_score *p=student.get_head();
        cout<<"学号"<<"\t 姓名"<<"\t 平均分"<<"\t 排名"<<endl;
        while(p){
            cout<<p->num<<"\t"<<p->name<<":\t"<<p->aver<<"\t"<<++n<<endl;
            p=p->next;
        }
        return;
    }

    void Loadfromfile(){
        int num,mark[3];
        char name[20]="";
```

```
    fstream iofile;
    int i=0;
    iofile.open("stud.dat",ios::in|ios::binary);
    if (!iofile) {
        cout<<"数据文件不存在，请先建立该文件"<<endl;
        return;
    }
    if (iofile.eof())
    {
        cout<<"数据库为空，请添加数据"<<endl;
        iofile.close();
    }
    else
    {
        while(iofile.peek()!=EOF)          //peek()是取文件当前位置指针，EOF 是文件尾标识符
        {
            iofile.read((char *) &num,sizeof(int));
            iofile.read((char *) name,20);
            iofile.read((char *) &mark[0],sizeof(int));
            iofile.read((char *) &mark[1],sizeof(int));
            iofile.read((char *) &mark[2],sizeof(int));
            student.AddItem(num,name,mark);
        }
        student.Average();
        iofile.close();
    }
}

void SaveToFile(){
    Stu_score *p;
    char name[20];
    fstream iofile;
    int i=0;
    iofile.open("stud.dat",ios::out|ios::binary);
    if (!iofile)    {
        cerr<<"open error!"<<endl;
        abort();
    }
    p=student.get_head();
    while(p)
    {
        p->name.copy(name,20,0);
        name[p->name.length()]=0;
```

```
            iofile.write((char *) &p->num,sizeof(int));
            iofile.write((char *) name,20);
            iofile.write((char *) &p->mark[0],sizeof(int));
            iofile.write((char *) &p->mark[1],sizeof(int));
            iofile.write((char *) &p->mark[2],sizeof(int));
            p=p->next;
        }
        iofile.close();
}

int main(){
    cout<<"Welcome!\n 学生成绩管理系统\nVer 1.01\n \n\n";
    int select;
    char s;
    while(1){
        select=Menu();
        switch(select){
        case 0:                      //退出程序
            s=Exit();
            if (s=='y' || s=='Y')return 0;
            break;
        case 1:                      //输入学生成绩
            AddNew();
            break;
        case 2:                      //按学号排序
            Sort_by_num();
            break;
        case 3:                      //按学号查找记录
            DoFind();
            break;
        case 4:                      //删除由学号指定的记录
            DoDelete();
            break;
        case 5:                      //列出所有记录
            List();
            break;
        case 6:                      //按平均成绩排序
            ShowAverage();
            break;
        case 7:                      //从文件读入数据
            Loadfromfile();
            break;
        case 8:                      //将数据写入文件
```

```
                SaveToFile();
                break;
            default:
                cout<<"无效输入！"<<endl;
            }
        }
        return 0;
    }
```

4．大数计算问题。大数是超过整型数表示范围的整数，针对正整数运算，定义一个大数类，并编写两个大数类对象的加法和减法函数。程序要求如下：

（1）编写大数类对象的构造函数和输入/输出函数。

（2）编写大数类对象的加法和减法运算函数。

（3）在主函数编写相应的测试语句。

参考程序如下：

```
    #include<cstring>
    #include<iostream>
    using namespace std;
    #define MAX 1000
    void reverse(char *from, char *to );
    class Big_Num{
        private:
        char number[MAX];
        int num_len;
        public:
        Big_Num(){num_len=0;}
        Big_Num(char *s);
        Big_Num& BigNumAdd(Big_Num &a,Big_Num &b);      //加法函数
        Big_Num& BigNumMinus(Big_Num &a,Big_Num &b);    //减法函数
        void set_num(char *s);
        char* get_num();
        int get_numlen(){return num_len;}
        void input();                    //输入大数
        void output();                   //输出大数
        ~Big_Num(){}

    };

    Big_Num::Big_Num(char *s)
    {   int i=0;
        while (*s){
            number[i]=*s;
            i++;s++;
```

```
        }
        number[i]='\0';
        num_len=i;
    }
    void Big_Num::set_num(char *s)
    {   int i=0;
        while (*s){
            number[i]=*s;
            i++;s++;
        }
        number[i]='\0';
        num_len=i;
    }


    char* Big_Num::get_num()
    {   return number;
    }
    void Big_Num::input(){
        cout<<"请输入大数："";
        cin>>number;
        num_len=strlen(number);
    }


    void Big_Num::output(){
        for(int i=0;i<num_len;i++)
            cout<<number[i];
    }


    Big_Num& Big_Num::BigNumAdd(Big_Num &a,Big_Num &b)
    {
        char F[MAX], S[MAX], Res[MAX];
        int f,s,sum,extra,now;
        f=a.get_numlen();
        s=b.get_numlen();
        reverse(a.get_num(),F);              //将 a 大数字符串倒置放入 F 字符数组中
        reverse(b.get_num(),S);
        for(now=0,extra=0;(now<f && now<s);now++){
            sum=(F[now]-'0') + (S[now]-'0') + extra;   //extra 中存放进位
            Res[now]=sum%10 +'0';            //个位数字转换为字符
            extra= sum/10;                   //处理进位
        }
        for(;now<f;now++){
            sum=F[now] + extra-'0';
```

```
            Res[now]=sum%10 +'0';
            extra=sum/10;
        }
        for(;now<s;now++){
            sum=F[now] + extra-'0';
            Res[now]=sum%10 +'0';
            extra=sum/10;
        }
        if (extra!=0) Res[now++]=extra+'0';
        Res[now]='\0';
        if (strlen(Res)==0) strcpy(Res,"0");
        reverse(Res,number);
        num_len=strlen(number);
        return *this;
    }


    Big_Num& Big_Num::BigNumMinus(Big_Num &a,Big_Num &b)
    {
        char L[MAX], S[MAX];
        int l,s,now,hold,diff;
        l=strlen(a.get_num());
        s=strlen(b.get_num());
        int sign = 0;
        if (l<s){
            set_num(a.get_num());
            a.set_num(b.get_num());
            b.set_num(get_num());
            now=l; l=s; s=now;
            sign = 1;                          //sign 为 1 时，表示结果为负数
        }
        if (l==s){
            if (strcmp(a.get_num(), b.get_num())<0){
                set_num(a.get_num());
                a.set_num(b.get_num());
                b.set_num(get_num());
                now=l; l=s; s=now;
                sign =1;
            }
        }
        reverse(a.get_num(),L);
        reverse(b.get_num(),S);
        for(;s<l;s++)
```

```
            S[s]='0';
        S[s]='\0';
        for(now=0,hold=0;now<l;now++){          //hold 存放借位
            diff=L[now]-(S[now]+hold);
            if (diff<0){
                hold=1;
                number[now]=10+diff+'0';        //数字转换为对应的字符
            }
            else{
                number[now]=diff+'0';
                hold=0;
            }
        }
        for(now=l-1;now>0;now--){
            if (number[now]!='0')
                break;
        }
        number[now+1]='\0';
        reverse(number,L);
        strcpy(number,L);
        num_len=strlen(number);
        if (sign==1){
            for(int i=num_len;i>=0;i--)
                number[i+1]=number[i];
            number[0]='-';
            num_len++;
        }
         return *this;
}

void reverse(char *from, char *to ){        //将源字符串倒置拷贝到目标串
    int len=strlen(from);
    int l;
    for(l=0;l<len;l++)
        to[l]=from[len-l-1];
    to[len]='\0';
}

int main(){
    Big_Num a("1111111111111");
    Big_Num b("9999999999999");
    a.output();
```

```
            cout<<endl;
            b.output();
            cout<<endl;
            Big_Num c;
            c.BigNumAdd(a,b);                    //c=a+b
            c.output();
            cout<<endl;
            c.BigNumMinus(a,b);                  //c=a-b
            c.output();                          //输出 c
            cout<<endl;
            a.input();                           //从控制台输入大数 a
            b.input();
            c.BigNumMinus(a,b);
            c.output();
            return 0;
        }
```

三、实验思考

1. 在文件中有 200 个正整数，且每个数均在 1000～9999 之间。要求编制一个函数实现按每个数的后 3 位大小进行升序排列，如果后 3 位的数值相等,则按原先的数值进行降序排列,然后取出满足此条件的前 10 个数依次输出到另一文件中。

2. 编程实现从文件中读取 10 对 m、k（m、k 均为正整数），求大于 m 且紧靠 m 的 k 个素数，并将结果输出到文件中。例如若输入 17、5，则输出为 19、23、29、31、37。

3. 已知在文件中存有 100 个产品的销售记录，每个产品销售记录由产品代码 dm、产品名称 mc、单价 dj、数量 sl 和金额 je 五个部分组成。其中金额=单价×数量。要求编写一个函数实现按产品代码从大到小进行排序，若产品代码相同，则按金额从大到小排序，最后将排序的结果输出到另一文件中。

4. 编程实现一个运动会的分数统计。参加运动会的有 n 所学校，学校编号为 1～n。比赛分成 m 个男子项目和 w 个女子项目。项目编号为男子 1～m，女子 m+1～m+w。不同的项目取前五名或前三名积分。取前五名积分分别为 7、5、3、2、1。取前三名积分分别为 5、3、2。哪些取前五名或前三名由输入者自己设定（m≤20，n≤20，w≤20）。姓名和学校长度均不超过 20 个字符。考虑用单向链表实现。

5. 教学管理系统。学生信息包括学生的班级代号、学号和姓名，选课信息包括每个学生该学期所选课程，成绩包括每个学生所选的课程的考核成绩。系统功能要求如下：

（1）能输入学生信息、选课信息和成绩。

（2）能输出各班的某门课程不及格的名单（含学号、姓名和成绩）。

（3）能输出某门课程全年级前 5 名的学号、姓名和成绩。

（4）能输出某门课程每个班的总平均分（从高到低排列）。

（5）能输出某门课程某班的成绩单（按学号排列）。

6．通讯录管理程序。通讯录要求存储姓名、性别、工作单位、住宅电话、移动电话、办公电话、E-mail 地址等内容。系统功能要求如下：

（1）通讯录记录按姓名排序存放，显示时每屏不超过 20 个记录，超过时分屏显示。

（2）增加某人的通讯录。

（3）修改某人的通讯录。

（4）删除某人的通讯录。

（5）按多种方式查询符合条件的信息。

（6）用文件存储数据。

第 2 章　章节练习

练习 1　C++基础知识

一、选择题

1．一个 C++程序的执行从（　　）。
　　A．本程序的 main()函数开始，到 main()函数结束
　　B．本程序文件的第一个函数开始，到本程序文件的最后一个函数结束
　　C．本程序的 main()函数开始，到本程序文件的最后一个函数结束
　　D．本程序文件的第一个函数开始，到本程序 main()函数结束

2．以下叙述不正确的是（　　）。
　　A．一个 C++源程序可由一个或多个函数组成
　　B．一个 C++源程序必须包含一个 main 函数
　　C．在 C++程序中，注释说明只能位于一条语句的后面
　　D．C++程序的基本组成单位是函数

3．一个 C++语言程序由（　　）。
　　A．一个主程序和若干子程序组成　　　　B．函数组成
　　C．若干过程组成　　　　　　　　　　　D．若干子程序组成

4．C++编译程序是（　　）。
　　A．将 C++源程序编译成目标程序的程序
　　B．一组机器语言指令
　　C．将 C++源程序编译成应用软件
　　D．C++程序的机器语言版本

5．以下叙述中正确的是（　　）。
　　A．C++语言的源程序不必通过编译就可以直接运行
　　B．C++语言中的每条可执行语句最终都将被转换成二进制的机器指令
　　C．C++源程序经编译形成的二进制代码可以直接运行
　　D．C++语言中的函数不可以单独进行编译

6．用 C++语言编写的代码程序（　　）。
　　A．可立即执行　　　　　　　　　　　B．是一个源程序
　　C．经过编译即可执行　　　　　　　　D．经过编译解释才能执行

7．以下选项中属于 C++语言的数据类型是（　　）。
　　A．复数型　　　　B．逻辑型　　　　C．双精度型　　　　D．集合型

8. C++语言提供的合法的数据类型关键字是（　　）。
    A. double   B. short   C. integer   D. char

9. 下列变量定义中合法的是（　　）。
    A. short _a=1-le-1;   B. double b=1+5e2.5;
    C. long do=0xfdaL;   D. float 2_and=1-e-3;

10. 在 C++语言中，合法的长整型常数是（　　）。
    A. 0L   B. 4962710
    C. 0.054838743   D. 2.1869e10

11. 下列常数中不能作为 C 常量的是（　　）。
    A. 0xA5   B. 2.5e-2   C. 3e2   D. 0582

12. 在 C++语言中，数字 029 是一个（　　）。
    A. 八进制数   B. 十六进制数   C. 十进制数   D. 非法数

13. C++语言中的标识符只能由字母、数字和下划线 3 种字符组成，且第一个字符（　　）。
    A. 必须为字母   B. 必须为下划线
    C. 必须为字母或下划线   D. 可以是字母、数字和下划线中任意一种字符

14. 以下不正确的 C++语言标识符是（　　）。
    A. int   B. a_1_2   C. ab1exe   D. _x

15. 以下选项中合法的用户标识符是（　　）。
    A. long   B. _2Test   C. 3Dmax   D. A.dat

16. 以下正确的 C++语言标识符是（　　）。
    A. #define   B. _123   C. %d   D. \n

17. 在 C++语言中，错误的 int 类型的常数是（　　）。
    A. 32768   B. 0   C. 037   D. 0xAF

18. 以下选项中合法的实型常数是（　　）。
    A. 5E2.0   B. E-3   C. .2E0   D. 1.3E

19. 执行语句 "cout<<hex<<-1<<endl;" 后，屏幕显示（　　）。
    A. -1   B. 1   C. –ffffffff   D. ffffffff

20. 将字符 g 赋给字符变量 c，正确的表达式是（　　）。
    A. c=\147   B. c="\147"
    C. c='\147'   D. c='0147'

21. C++语言中整数-8 在内存中的存储形式是（　　）。
    A. 1111 1111 1111 1000   B. 1000 0000 0000 1000
    C. 0000 0000 0000 1000   D. 1111 1111 1111 0111

22. 在 C++语言中，合法的字符常量是（　　）。
    A. '\084'   B. '\x48'   C. 'ab'   D. "\0"

23. 下列不正确的转义字符是（　　）。
    A. '\\'   B. '\''   C. '074'   D. \0

24. 下面不正确的字符串常量是（　　）。
    A. 'abc'   B. "12'12"   C. "0"   D. ""

25．若有说明语句 "char c='\72';"，则变量 c（　　）。

    A．包含 1 个字符　　　　　　　　　　B．包含 2 个字符

    C．包含 3 个字符　　　　　　　　　　D．说明不合法，c 的值不确定

26．已知字母 A 的 ASCII 码为十进制数 65，且 c2 为字符型，则执行语句 c2='A'+'6'-'3'; 后，c2 中的值为（　　）。

    A．D　　　　　　　B．68　　　　　　　C．不确定的值　　　　D．C

27．若有代数式 $\dfrac{7ae}{bc}$，则不正确的 C++语言表达式是（　　）。

    A．a/b/c*e*7　　　　　　　　　　　B．7*a*e/b/c

    C．7*a*e/b*c　　　　　　　　　　　D．a*e/c/b*7

28．与数学式 $\dfrac{3x^n}{2x-1}$ 对应的 C++语言表达式是（　　）。

    A．3*x^n/(2*x-1)　　　　　　　　　B．3*x**n/(2*x-1)

    C．3*pow(x,n)*(1/(2*x-1))　　　　　D．3*pow(n,x)/(2*x-1)

29．若有代数式 $\sqrt{\left| y^x + \log_{10} y \right|}$，则正确的 C++语言表达式是（　　）。

    A．sqrt(fabs(pow(y,x)+log(y)))　　　B．sqrt(abs(pow(y,x)+log(y)))

    C．sqrt(fabs(pow(x,y)+log(y)))　　　D．sqrt(abs(pow(x,y)+log(y)))

30．设变量 n 为 float 类型，m 为 int 类型，则以下能实现将 n 中的数值保留小数点后两位，第三位进行四舍五入运算的表达式是（　　）。

    A．n=(n*100+0.5)/100.0　　　　　　B．m=n*100+0.5,n=m/100.0

    C．n=n*100+0.5/100.0　　　　　　　D．n=(n/100+0.5)*100.0

31．在 C++语言中，要求运算数必须是整型的运算符是（　　）。

    A．/　　　　　　　B．++　　　　　　　C．%　　　　　　　D．!=

32．设有定义 "char w; int x; float y; double z;"，则表达式 w*x+z-y 值的数据类型为（　　）。

    A．float　　　　　B．char　　　　　　C．int　　　　　　　D．double

33．若有定义 "int a=7; float x=2.5,y=4.7;"，则表达式 x+a%3*(int)(x+y)%2/4 的值是（　　）。

    A．2.500000　　　　　　　　　　　　B．2.750000

    C．3.500000　　　　　　　　　　　　D．0.000000

34．sizeof(float)是（　　）。

    A．一个双精度型表达式　　　　　　　B．一个整型表达式

    C．一种函数调用　　　　　　　　　　D．一个不合法的表达式

35．若有以下定义和语句：

    char c1='a', c2='f';
    cout<<c2-c1<<'\t'<<(char)(c2-'a'+'B')<<endl;

则输出结果是（　　）。

    A．2　M　　　　　B．5　!　　　　　　C．2　E　　　　　　D．5　G

36．以下能正确地定义整型变量 a、b 和 c 并为其赋初值 5 的语句是（　　）。

    A．int a=b=c=5,　　　　　　　　　　B．int a,b,c=5;

    C．int a=5,b=5,c=5;　　　　　　　　D．a=b=c=5;

37．下列关于单目运算符++、--的叙述中正确的是（　　）。

　　A．它们的运算对象可以是任何变量和常量

　　B．它们的运算对象可以是 char 型变量和 int 型变量，但不能是 float 型变量

　　C．它们的运算对象可以是 int 型变量，但不能是 double 型变量和 float 型变量

　　D．它们的运算对象可以是 char 型变量、int 型变量和 float 型变量

38．以下不正确的叙述是（　　）。

　　A．在 C++程序中，逗号运算符的优先级最低

　　B．在 C++程序中，TOTAL 和 Total 是两个不同的变量

　　C．在 C++程序中，%是只能用于整数运算的运算符

　　D．当从键盘输入数据时，对于整型变量只能输入整型数值，对于实型变量只能输入实型数值

39．设有定义"double y=0.5,z=1.5; int x=10;"，则能够正确使用 C++语言库函数的表达式是（　　）。

　　A．exp(y)+fabs(x)　　　　　　　　B．log10(y)+pow(y)

　　C．sqrt(y-z)　　　　　　　　　　D．(int)(atan2((double)x,y)+exp(y-0.2))

40．若有定义和语句：

```
int a=5;
a++;
```

则此处表达式 a++的值是（　　）。

　　A．7　　　　　　　B．6　　　　　　　C．5　　　　　　　D．4

41．用十进制数表示表达式 12/012 的运算结果是（　　）。

　　A．1　　　　　　　B．0　　　　　　　C．14　　　　　　　D．12

42．设 x、y、z 和 k 都是 int 型变量，则执行表达式 x=(y=4,z=16,k=32)后，x 的值为（　　）。

　　A．4　　　　　　　B．16　　　　　　　C．32　　　　　　　D．52

43．设有"int x=11;"，则表达式(x++*1/3)的值是（　　）。

　　A．3　　　　　　　B．4　　　　　　　C．11　　　　　　　D．12

44．已知大写字母 A 的 ASCII 码值是 65，小写字母 a 的 ASCII 码是 97，则用八进制表示的字符常量'\101'是（　　）。

　　A．字符 A　　　　B．字符 a　　　　C．字符 e　　　　D．非法的常量

45．设 a 和 b 均为 double 型变量，且 a=5.5，b=2.5，则表达式(int)a+b/b 的值是（　　）。

　　A．6.500000　　　B．6　　　　　　　C．5.500000　　　D．6.000000

46．判断字符变量 c 的值不是数字也不是字母，应采用表达式（　　）。

　　A．c<='0' || c>='9' && c<='A' || c>='Z' && c<='a' || c>='z'

　　B．!(c<='0' || c>='9' && c<='A' || c>='Z' && c<='a' || c>='z')

　　C．c>='0' && c<='9' || c>='A' && c<='Z' || c>='a' && c<='z'

　　D．!(c>='0' && c<='9' || c>='A' && c<='Z' || c>='a' && c<='z')

47．能正确表示"当 x 的取值在[1,100]和[200,300]范围内时为真，否则为假"的表达式是（　　）。

　　A．(x>=1)&&(x<=100)&&(x>=200)&&(x<=300)

B．(x>=1)||(x<=100)||(x>=200)||(x<=300)

C．(x>=1)&&(x<=100)||(x>=200)&&(x<=300)

D．(x>=1)||(x<=100)&&(x>=200)||(x<=300)

48．设 x、y 和 z 是 int 型变量，且 x=3，y=4，z=5，则下面表达式中值为 0 的是（　　）。

A．'x'&&'y'　　　　B．x<=y　　　　C．x||y+z&&y-z　　D．!((x<y)&&!z||1)

49．表达式(a=2)&&(b= -2)的结果是（　　）。

A．无输出　　　　B．结果不确定　　C．-1　　　　　　D．1

50．当 c 的值不为 0 时，在下列选项中能正确将 c 的值赋给变量 a、b 的是（　　）。

A．c=b=a;　　　　　　　　　　　　B．(a=c)||(b=c);

C．(a=c) && (b=c);　　　　　　　　D．a=c=b;

51．以下选项中非法的表达式是（　　）。

A．0<=x<100　　B．i=j==0　　　　C．(char)(65+3)　　D．x+1=x+1

52．能正确表示 a 和 b 同时为正或同时为负的逻辑表达式是（　　）。

A．(a>=0||b>=0)&&(a<0||b<0)　　　　B．(a>=0&&b>=0)&&(a<0&&b<0)

C．(a+b>0)&&(a+b<=0)　　　　　　　D．a*b>0

二、填空题

1．应用程序 hello.cpp 中只有一个函数，这个函数的名称是_____。

2．通过文字编辑建立的 C++源程序文件的扩展名是_____；编译后生成目标程序文件，扩展名是_____；连接后生成可执行程序文件，扩展名是_____，运行得到结果。

3．C++程序的基本单位或者模块是_____。

4．C++程序的语句结束符是_____。

5．上机运行一个 C++程序，要经过_____步骤。

6．C++程序中数据有_____和_____之分。用一个标识符代表一个常量，称为_____常量。C++规定，变量要做到先_____，后使用。

7．在 C++语言中的实型变量分为两种类型，它们是_____和_____。

8．C++语言中的标识符只能由 3 种字符组成，它们是_____、_____和_____，且第一个字符必须为_____。

9．字符串"lineone\x0alinetwo\12"的长度为_____。

10．将下面的语句补充完整，使得 ch1 和 ch2 都被初始化为字母 D，但要用不同的方法：char ch1=_____, char ch2=_____;。

11．若 x 和 y 都是 double 型变量，且 x 的初值为 3.0，y 的初值为 2.0，则表达式 pow(y,fabs(x))的值为_____。

12．++和--运算符只能用于_____，不能用于常量或表达式。++和--的结合方向是_____。

13．若逗号表达式的一般形式是"表达式 1,表达式 2,表达式 3"，则整个逗号表达式的值是_____的值。

14．逗号运算符是所有运算符中级别最_____的。

15．假设所有变量均为整型，则表达式(a=2,b=5,a++,b++,a+b)的值为_____。

16．若有定义"int x=3,y=2; float a=2.5,b=3.5;"，则表达式(x+y)%2+(int)a/(int)b 的值为_____。

17．若 s 为整型变量，且 s=6，则表达式 s%2+(s+1)%2 的值为_____。

18．设 x 和 y 均为 int 型变量，且 x=1，y=2，则表达式 1.0+x/y 的值为_____。

19．假设已指定 i 为 int 型变量，f 为 float 型变量，d 为 double 型变量，e 为 long 型变量，则表达式 10+'a'+i*f-d/e 的结果为_____类型。

20．数学式 $\sin^2 x \cdot \dfrac{x+y}{x-y}$ 写成 C++语言表达式是_____。

21．C++的字符常量是用_____括起来的_____个字符，而字符串常量是用_____括起来的_____序列。

22．C++规定，在一个字符串的结尾加一个_____标志'\0'。

23．C++语言中，字符型数据和_____数据之间可以通用。

24．字符串"abcke"长度为_____，占用_____字节的空间。

25．若有定义"char c='\010';"，则变量 c 中包含的字符个数为_____。

26．若 a 是 int 型变量，则执行表达式 a=25/3%3 后 a 的值为_____。

27．若 x 和 n 均是 int 型变量，且 x 和 n 的初值均为 5，则执行表达式 x+=n++后，x 的值为_____，n 的值为_____。

28．若 a、b 和 c 均是 int 型变量，则执行表达式 a=(b=4)+(c=2)后，a、b、c 的值分别为_____。

29．若有定义"int m=5,y=2;"，则执行表达式 y+=y-=m*=y 后的 y 值是_____。

30．设 x、y、z 均为 int 型变量，描述"x 或 y 中有一个小于 z"的表达式是_____。

31．条件"2<x<3 或 x<-10"的 C++语言表达式是_____。

32．判断 char 型变量 ch 是否为大写字母的正确表达式是_____。

33．已知 A=7.5，B=2，C=3.6，表达式 A>B&&C>A||A<B&&!C>B 的值是_____。

34．有"int x,y,z;"且 x=3，y=-4，z=5，则表达式(x&&y)==(x||z)的值为_____。

35．有"int a=3,b=4,c=5,x,y;"，则表达式!(x=a) && (y=b) && 0 的值为_____。

36．语句"if (!k) a=3;"中的!k 可以改写为_____，使其功能不变。

37．条件运算符是一个_____目运算符，其结合性为_____。

38．若 if 语句"if (a<b) min=a; else min=b;"，可用条件运算符来处理的等价式子为_____。

39．若 w=1，x=2，y=3，z=4，则条件表达式 w<x?w:y<z?y:z 的值是_____。

40．设有变量定义"int a=5,c=4;"，则(--a==++c)?--a:c++的值是_____，此时 c 的存储单元的值为_____。

参考答案

一、选择题

1．C　　2．C　　3．B　　4．A　　5．B　　6．B　　7．C　　8．B

9. A	10. A	11. D	12. D	13. C	14. A	15. B	16. B
17. A	18. C	19. D	20. C	21. A	22. B	23. C	24. A
25. A	26. A	27. C	28. C	29. A	30. B	31. C	32. D
33. A	34. B	35. D	36. C	37. D	38. D	39. D	40. C
41. A	42. C	43. A	44. A	45. D	46. D	47. C	48. D
49. D	50. C	51. D	52. D				

二、填空题

1. main()
2. .cpp，.obj，.exe
3. 函数
4. ;或分号
5. 编辑、编译、连接、运行
6. 常量，变量，符号，定义
7. 单精度型或 float，双精度型或 double
8. 字母，数字，下划线，字母或下划线
9. 16
10. 'D'，68
11. 8.000000
12. 变量，自右至左
13. 表达式 3
14. 低
15. 9
16. 1
17. 1
18. 1.0
19. double
20. pow(sin(x),2)*(x+y)/(x-y)或 sin(x)*sin(x)*(x+y)/(x-y)
21. 单引号，一，双引号，字符
22. 字符串结束
23. 整型
24. 5，6
25. 1
26. 2
27. 10，6
28. 6、4、2
29. -16
30. x<z||y<z
31. x<-10||x>2&&x<3
32. (ch>='A')&&(ch<='Z')
33. 0
34. 1
35. 0
36. k==0
37. 三，从右至左
38. min=(a<b)?a:b;
39. 1
40. 5，6

练习2 程序控制结构

一、选择题

1. 为了避免嵌套的条件语句的二义性，C++语言规定 else 与（   ）配对。

    A．编辑时在同一列的 if   B．其之前最近的还没有配对过的 if

    C．其之后最近的 if   D．同一行上的 if

2. 下列选项中属于 C++语句的是（   ）。

    A．i+5   B．a=10   C．;   D．cout<<'\n'

3．下列关于 break 语句的描述中，不正确的是（　　）。

    A．break 语句可用在循环体中，它将使执行流程跳出本层循环体

    B．break 语句在一个循环体内可以出现多次

    C．break 语句可用在 switch 语句中，它将使执行流程跳出当前的 switch 语句

    D．break 语句可用在 if 语句中，它将使执行流程跳出当前的 if 语句

4．下列关于 switch 语句的描述中，正确的是（　　）。

    A．switch 语句中 default 子句可以没有，也可以有一个

    B．switch 语句中每个语句序列中必须有 break 语句

    C．switch 语句中 case 子句后面的表达式只能是整型表达式

    D．switch 语句中 default 子句只能放在最后

5．下列关于循环的描述中，错误的是（　　）。

    A．do…while、while 和 for 循环中的循环体均可以由空语句组成

    B．while 循环是先判断表达式，后执行循环体语句

    C．do…while、while 和 for 循环均是先执行循环体语句，后判断表达式

    D．do…while 循环体至少无条件执行一次，而 while 循环体可能一次也不执行

6．下列关于 do…while 语句的描述中，正确的是（　　）。

    A．do…while 语句所构成的循环只能用 break 语句跳出

    B．do…while 语句所构成的循环不能用其他语句构成的循环来代替

    C．do…while 语句所构成的循环只有在 while 后面的表达式非零时才结束

    D．do…while 语句所构成的循环只有在 while 后面的表达式为零时才结束

7．下列关于 for 循环的描述中，正确的是（　　）。

    A．for 循环的循环体语句中，可以包含多条语句，但必须用花括号 { } 括起来

    B．在 for 循环中可使用 continue 语句结束循环，接着执行 for 语句的后继语句

    C．for 循环是先执行循环体语句，后判断表达式

    D．for 循环只能用于循环次数已经确定的情况

8．假定所有变量均已正确说明，下列程序段运行后，y 的值是（　　）。

```
a=b=c=0;y=21;
if(!a)  y--;
    else  if(b);
if(c)  y=2;
    else  y=1;
```

    A．21　　　　　　　　B．1　　　　　　　　C．20　　　　　　　　D．2

9．下列程序段的输出是（　　）。

```
int x=3,y=-2,z=5;
if(x<y)
  if(y<z)
    z=2;
  else
    z+=3;
cout<<z<<endl;
```

    A．2　　　　　　　　B．3　　　　　　　　C．5　　　　　　　　D．8

10．执行语句序列：

```
char  m;
cin>>m;
switch(m)
{   case 'A':
    case 'B':cout<<'A';
    case 'C':
    case 'D':cout<<'B';break;
    default:cout<<'C';
}
```

若从键盘输入 A，则屏幕显示（   ）。

    A．A   B．B   C．C   D．AB

11．若 j 为整型变量，则以下循环的执行次数是（   ）。

```
for(j=2;j==0;) cout<<j<<endl;
```

    A．0   B．1   C．2   D．无限次

12．执行语句序列：

```
int y=3;
do
{
    y-=2;
    cout<<y;
}while(!(--y));
```

输出结果是（   ）。

    A．死循环   B．1-2   C．30   D．1

13．执行语句序列：

```
int m=0;
while(m<28
    m+=5;
cout<<m;
```

输出结果是（   ）。

    A．27   B．28   C．30   D．35

14．已知语句：

```
while(!e);
```

其中表达式!e 等价于（   ）。

    A．e!=1   B．e!=0   C．e=1   D．e==0

15．下列语句段将输出字符'#'的个数为（   ）。

```
int i=100;
while(1)
{
    i--;
    if(i==0)break;
    cout<<'#';
}
```

    A．101   B．100   C．99   D．98

二、填空题

1．只有一个分号的语句叫_____。

2．用{ }括起来的语句叫_____。

3．任何表达式加上一个分号，就构成了一条表达式_____。

4．C++中用于控制流程的三种基本结构为_____。

5．_____语句实现的功能是使程序在满足另外一个特定条件时跳出本次循环。

6．_____语句实现的功能是在循环体内终止当前的循环语句。

7．程序运行中需要从键盘输入多于 1 个数据时，各数据之间应使用_____符号作为分隔符。

8．下列程序段的输出是_____。
```
int sum=0;
for(int j=1; ;j++)
{
    if(sum>20)   break;
    if(j%3==0)   sum+=j;
}
cout<<j<< ','<<sum<<endl;
```

9．当执行完下面的语句段后，m、n、t 的值分别为_____。
```
int a=5,b,c,d,m,n,t;
b=c=d=3;
m=n=t=0;
for(;a>b;++b)
m++;
while(a>++c)
n++;
do{
    t++;
}while(a>d++);
```

10．下列程序段的输出是_____。
```
int m=15;
while(m>=8)
{   if(--m%3==0)   continue;
    cout<<"m="<<m--<<',';}
```

三、阅读程序题

1．
```
#include <iostream>
using namespace std;
int main()
{
    for(int a=1,b=6;a<=5;a++)
    {   if(b>=15)break;
        if(b%2==0){b+=5;continue;}
```

```
            b-=1;
        }
    cout<<"a="<<a<<','<<"b="<<b<<endl;
    return 0;
    }
```

2.
```cpp
#include <iostream>
using namespace std;
int main()
{
    int m,n;
    cout<<"Enter m and n:";
    cin>>m>>n;
    while(m!=n)
    {   while(m>n) m-=n;
        while(n>m)n-=m;
    }
    cout<<"m="<<m<<endl;
    return 0;
}
```

程序运行时，输入 65　45✓。

3.
```cpp
#include <iostream>
using namespace std;
int main()
{
    int k=0;char c='A';
    do
    { switch(c++)
        {   case 'A': k++;break;
            case 'B': k--;
            case 'C': k+=3;break;
            case 'D': k%=2;continue;
            case 'E': k*=10;break;
            default: k/=2;
        }
        k++;
    }while(c<'G');
    cout<<"k="<<k<<endl;
    return 0;
}
```

4.
```cpp
#include <iostream>
using namespace std;
int main()
{
    int a,b,c=0;
    for(a=1;a<6;a++)
        for(b=6;b>1;b--){
```

```
                if((a+b)%3==2){c+=a+b;cout<<a<<','<<b<<';';}
                if(c>10)break;
            }
        cout<<"c="<<c<<endl;
        return 0;
    }
```

5.
```
    #include <iostream>
    using namespace std;
    const int T=7;
    int main()
    {
        int i,j,p=0;
        for(i=1;i<=T;i+=2)
            for(j=2;j<=T;j++)
                if(i+j==T)cout<<'+';
                else if(i*j==T)cout<<'*';
                else p++;
        cout<<"p="<<p<<endl;
        return 0;
    }
```

四、程序填空题

1．Fibonacci 数列的前两个数分别是 0 和 1，从第三个数开始，每个数等于前两个数的和。求 Fibonacci 数列的前 20 个数。要求每行输出 5 个数。

```
    #include <iostream>
    #include <iomanip>
    using namespace std;
    int main()
    {
        int f,f1,f2,i;
        cout<<"Fibonacci 数列：\n";
        f1=0;f2=1;
        cout<<setw(6)<<f1<<setw(6)<<f2;
        for(i=3;i<=20;i++)
        {   f=____①____ ;
            cout<<setw(6)<<f;
            if(____②____)   cout<<endl;
            f1=____③____;f2= f;
        }
        cout<<endl;
        return 0;
    }
```

2．计算 500 以内能被 11 整除的自然数之和。

```
    #include <iostream>
    using namespace std;
```

```cpp
int main()
{
    int n=1,s;
    ____①____;
    while(true)
    {
        if(____②____) break;
        if(____③____) s+=n;
        n++;
    }
    cout<<s<<endl;
    return 0;
}
```

3．"同构数"是指这样的数：它恰好出现在平方数的右端。例如：376*376=141376。试找出 10000 以内的全部同构数。

```cpp
#include <iostream>
using namespace std;
int main()
{
    int n,sqr;
    for(n=1;n<10000;n++)
    {
        if (n<10)
            sqr= n*n%10;
        else if(n<100)
            sqr=____①____;
        else if(n<1000)
            sqr=n*n%1000;
        ____②____
            sqr= n*n%10000;
        if(____③____)
            cout<<n<<'*'<<n<<'='<<n*n<<endl;
    }
    return 0;
}
```

4．有 20 只猴子吃掉 50 个桃子。已知公猴每只吃 5 个，母猴每只吃 4 个，小猴每只吃 2 个。求出公猴、母猴和小猴各多少只。

```cpp
#include <iostream>
using namespace std;
int main()
{
    int a,b,c;
    for(a=1;a<=10;a++)
        for(b=1;b<=13;____①____)
        {
            c=____②____;
```

```
        if(_____③_____)
            cout<<"公猴="<<a<<",母猴="<<b<<",小猴="<<c<<endl;
    }
    return 0;
}
```

5．求 1000 内所有的完数。所谓"完数"是指与其因子之和相等的数（除本身之外）。例如：6=1+2+3，1、2 和 3 都是 6 的因子。要求以如下形式输出：6-->1,2,3。

```
#include <iostream>
using namespace std;
int main()
{
    int i,j,sum;
    for(i=2;i<=1000;i++)
    {
        for(sum=1,j=2;j<=i/2;j++)          //求 i 的因子和
            if(i%j==0)    ①    ;
        if(___②___)                        //判断 i 是否为完数
        {
            cout<<i<<"－－>1";
            for(j=2;j<=i/2;j++)            //按指定格式输出完数
                if(___③___)cout<<','<<j;
            cout<<endl;
        }
    }
    return 0;
}
```

五、编写程序题

1．计算 π 的近似值，直到最后一项的绝对值小于 10^{-8} 为止，近似公式为

$$\frac{\pi}{4} \approx 1 - \frac{1}{3} + \frac{1}{5} - \frac{1}{7} + \cdots$$

2．输入一个正整数，求该数的阶乘。

3．从键盘输入一串字符，以 Ctrl+Z（^Z）表示输入结束。统计其中包含的单词的个数、字母的个数和数字的个数。规定单词之间用一个空白符分开（空白符包括空格符、水平制表符和换行符）。

4．计算 0～9 之间的任意 3 个不相同的数字组成的三位数共有多少种不同的组合方式。

5．口袋中有红、绿、蓝、白、黑五种颜色的球若干个。每次从口袋中取出 3 个不同颜色的球，有多少种取法？

参考答案

一、选择题

1．B　　2．C　　3．D　　4．A　　5．C　　6．D　　7．A　　8．B

9．C   10．D   11．A   12．B   13．C   14．D   15．C

二、填空题

1．空语句   2．复合语句

3．语句   4．顺序结构、选择结构和循环结构

5．continue   6．break

7．空格或回车   8．13，30

9．2、1、3   10．m=14,m=11,m=8,

三、阅读程序题

1．a=4,b=15   2．m=5

3．k=6   4．1,4;2,6;5,6;c=24

5．+*++p=20

四、程序填空题

1．① f1+f2   ② i%5==0 或 ！(i%5)   ③f2

2．① s=0   ② n>500   ③ n%11==0

3．① n*n%100   ② else   ③ sqr==n

4．① b++   ② 20-a-b   ③ 5*a+4*b+2*c==50

5．① sum+=j   ② sum==i   ③ i%j==0

五、编写程序题

1．分析：选择循环结构实现。求和式的第一项是 1，第二项是-1/3，…，第 n 项是 $(-1)^{n-1}/(2n-1)$。第 n 项与第 n-1 项的关系为符号相反，分母加 2。所以我们可以定义两个变量，分别表示各项的分母和符号项，并在每次循环中修改这两个变量（分母变量加 2，符号项取反）。要求计算到最后一项的绝对值小于 10^{-8}，有效位数超过 7 位，应该使用 double 类型表示π。

参考程序如下：

```
#include <iostream>
#include <iomanip>
#include <cmath>
using namespace std;
int main()
{
    double sum=0,faction=1;
    int denominator=1;
    int sign=1;
    while(fabs(faction)>=1e-8)
    {
        sum+=faction;
        denominator+=2;
        sign*=-1;
```

```
            faction=sign/double(denominator);
        }
        sum*=4;
        cout<<"π≈"<<setiosflags(ios::fixed)<<setprecision(8)<<sum<<endl;
        return 0;
    }
```

2．参考程序如下：

```
    #include <iostream>
    using namespace std;
    int main()
    {
        int i,n;
        long int fact=1;
        cout<<"请输入一个正整数："; 
        cin>>n;
        for(i=2;i<=n;i++)
            fact*=i;
        cout<<n<<"!="<<fact<<endl;
        return 0;
    }
```

注意，当 n 很大时，计算结果就可能超出 long int 型数据的取值范围而发生错误。这种问题如何解决呢？一种有效的解决方法是：当计算出的阶乘值大于等于 10 时，就除以 10，然后指数加 1。最后将尾数和指数分别输出。例如，计算 1000000!的程序段如下：

```
    ⋮
    double fact=1.0;                //存储阶乘的变量 fact 声明为 double 型，可以得到更多的有效位数
    int e=0;
    for(int i=2;i<=1000000;i++)
    {
        fact*=i;
        while(fact>=10)            //阶乘反复除以 10
        {
            fact/=10.0;
            e++;
        }
    }
    cout<<fact<<"e"<<e<<end;        //输出 8.26393e5565708
    ⋮
```

该程序说明：只要开动脑筋，改进程序设计方法，就能够突破 C++编译器有关数据取值范围的限制。

3．参考程序如下：

```
    #include <iostream>
    using namespace std;
    int main()
    {
        char c;
```

```
        int alpha(0),num(0),ch(0),word(0);
        while((c=getchar())!=EOF)
        //使用 getchar()函数逐一读取字符；EOF 代表文本结束符，用键盘对应输入 Ctrl+Z
        {
            if(c==' ' || c=='\t' || c=='\n')
                word++;
            if( (c>='a' && c<='z')|| (c>='A'&& c<='Z' ))
                alpha++;
            else if(c>='0' && c<='9')
                num++;
            else
                ch++;
        }
        cout<<"字母数="<<alpha<<"  数字数="<<num<<"  其他字符数="<<ch;
        cout<<"  单词数="<<word<<endl;
        return 0;
    }
```

4．参考程序如下：

```
    #include <iostream>
    using namespace std;
    int main()
    {
        int i,j,k,count=0;
        for(i=9;i>=1;i--)
            for(j=9;j>=0;j--)
                if(i==j)continue;
                else
                    for(k=0;k<=9;k++)
                        if((k!=i)&&(k!=j)) count++;
        cout<<count<<endl;
        return 0;
    }
```

5．分析：球只能是五种颜色之一。设取出的球为 i、j、k，根据题意，i、j、k 分别可以有五种取值，且 i≠j≠k。采用穷举法，逐个验证每一种可能的组合，从中找出符合要求的组合并输出。

参考程序如下：

```
    #include <iostream>
    #include <iomanip>
    using namespace std;
    int main()
    {
        const red(0),yellow(1),blue(2),white(3),black(4);    //五种颜色
        short print;                                         //打印球的颜色
        short n,loop,i,j,k;
        n=0;
```

```
        for(i=red;i<=black;i++)
        {for(j=red;j<=black;j++)
            {if(i!=j)
                {for(k=red;k<=black;k++)
                    {if((k!=i)&&(k!=j))
                        {   n=n+1;
                            cout<<setw(4)<<n;
                            for(loop=1;loop<=3;loop++)
                            { switch(loop)
                                { case 1:print=i;break;
                                  case 2:print=j;break;
                                  case 3:print=k;break;
                                  default:break;
                                }
                                switch(print)
                                { case red: cout<<"          red";break;
                                  case yellow:cout<<"          yellow";break;
                                  case blue: cout<<"          blue";break;
                                  case white: cout<<"          white";break;
                                  case black: cout<<"          black";break;
                                  default:break;
                                }
                            }
                            cout<<endl;
                        }
                    }
                }
            }
        }
        cout<<"total:"<<n<<endl;
        return 0;
    }
```

练习 3　函数与编译预处理

一、选择题

1. 以下说法中正确的是（　　）。

    A．C++程序总是从最先定义的函数开始执行

    B．在 C++中声明为内置函数的函数一定会在编译时嵌入主调函数中

    C．一个函数中的语句只能调用自身以外的函数

    D．一个 C++程序总包含一个 main()函数

2. 下列关于内置函数的说法，错误的是（　　）。

    A．在 inline 函数的定义前加 extern 关键字也可将 inline 函数作用域拓展至文件外

B．递归函数不能用作内置函数

C．任何规模的自定义函数都可以作为内置函数处理

D．在内置函数中不能含有 switch、for 和 while 语句

3．有关函数参数的下列说法，错误的是（   ）。

A．实参和形参是不同的变量　　　　B．实参只能是已知的具体常数

C．实参与形参的内存单元可能相同　D．实参和形参必须个数相等，类型一致

4．若有宏定义#define f(x) x*x，则当 a=2，b=3 时，执行 cout<<f(a+b)*f(a-b)语句输出的结果为（   ）。

A．5　　　　　　　B．-5　　　　　　　C．7　　　　　　　D．-1

5．下列程序运行后输出的结果是（   ）。

A．a=1,b=1; a=1,b=1　　　　B．a=1,b=1; a=2,b=3

C．a=1,b=1; a=1,b=6　　　　D．a=1,b=1; a=2,b=1

```cpp
#include <iostream>
using namespace std;
int b=2;
long int multi(int x);
int main()
{   int a=1,b=1;
    cout<< "a="<<a<<",b="<<b<<";";
    multi(a);
    cout<< "a="<<a<<",b="<<b<<endl;
    return 0;
}
long int multi(int x)
{   x=2*x ;
    b=3*b;
    return b;
}
```

6．下列程序运行后输出的结果是（   ）。

A．39　　　　　　　B．38　　　　　　　C．37　　　　　　　D．语法错误

```cpp
#include <iostream>
using namespace std;
float cacl(float,float);
int main()
{   float x; float y;
    x=5; y=6;
    y=cacl(y,x);
    cout<<y<<endl;
    return 0;
}
float cacl(float x, float y)
{ return    (3*x+4*y);}
```

7. 下列程序运行后输出的结果是（   ）。

 A．m=15;n=25　　　　　　　　 B．m=15;n=15

 C．m=25;n=25　　　　　　　　 D．m=25;n=15

```
#include <iostream>
using namespace std;
int n=1;
void p12(int x)
{n=1+2*n;}
int main()
{   int j,m;
    m=0;
    for (j=1;j<=3;j++)
    {p12(j); m=m+n;}
    cout<<"m="<<m<<";n="<<<<n<<endl;
    return 0;
}
```

8. 调用重载函数时，选择其具体函数体的依据不包含（   ）。

 A．参数个数　　　　　　　　　 B．参数的类型

 C．函数名字　　　　　　　　　 D．函数的类型

9. 下面关于 return 语句的说法，正确的有（   ）。

 A．函数中一定要出现 return 语句

 B．函数中若有 return，则一定是函数最末一条语句

 C．函数中最多出现一条 return 语句

 D．有返回值的函数一定有 return 语句

10. 下面关于命名空间的说法，错误的有（   ）。

 A．命名空间能解决同名冲突的问题

 B．在命名空间中可以定义命名空间，即可以嵌套定义

 C．在命名空间中可以定义变量、函数

 D．main()函数可以放在某命名空间中

二、填空题

1. 在对自定义函数进行声明的语句中，形式参数的_____可省略；而形式参数的_____不可省略。

2. 定义局部变量时附加 static 关键字使变量的生存期_____，但变量的_____不变。

3. 若某函数定义中的函数首部为"int add(int x,int y)"，如果该函数体内 return 语句后面的表达式值是 float 类型的 4.5，则调用语句得到的函数值是_____；若某函数定义中的函数首部为"float fun(float x, int y)"，如果该函数体内 return 语句后面的表达式值是 int 类型的 5，则调用语句得到的函数值大小是_____，而类型是_____。

4. 在定义函数时函数名后面括号中的变量名叫作_____，简称_____。在调用一个函数时，出现在调用语句函数名后面括号中的参数叫作_____，简称_____。

5．如果被调函数的形参和调用语句的实参都是一个简单的变量名，这种参数传递方式叫作_____方式，这种参数传递方式只能在调用时把_____的值传给_____变量。

6．一个被调函数的函数体中又可以出现函数调用语句，这种调用现象称为函数的_____；调用一个函数的过程中又出现直接或间接地调用该函数本身，这种调用现象称为函数的_____。

7．从作用域角度看变量，定义在所有函数外面的变量是_____变量，对这样的变量如果不附加特别的声明语句，则其作用域是从_____位置到_____。如果用_____关键字对该类变量事先进行声明,则其作用域可以扩展到整个文件范围甚至本文件外；但用关键字_____定义的这类变量其作用域不能扩展到本文件外。

8．从作用域角度看变量，定义在任何函数里面或复合语句里面的变量是_____变量；这样定义的变量如果只有数据类型关键字或数据类型关键字加 auto，其存储方式是_____态的，生存期比全局变量_____；如果定义时除数据类型关键字外还附加了 static 关键字，则其存储方式是_____态的，生存期为_____。

9．内部函数是只能在定义它的文件中被调用的函数；内部函数定义时，在函数类型前加关键字_____，所以也称为_____。外部函数是可以在_____各个文件中被调用的函数，外部函数的定义是在函数类型前不加其他关键字或附加存储类型关键字_____。

10．编译预处理的三种形式分别是_____、_____和_____。

11．带默认值的形参必须位于函数形参表的_____。

12．在 C++中，功能相似，只是参数类型、个数不同的函数常用相同的名字表示，这就是_____。

13．内嵌函数的主要功能是_____。

14．对命名空间中成员的引用，需要使用域解析运算符，即_____。

三、阅读程序题

```
1.  #include <iostream>
    using namespace std;
    int f(float x, double y)
    {   double z;
        z=(x+y)/10;
        return (z);
    }
    int main()
    {   float a=19; double b=6;
        cout<<f(a,b)<<endl;
        return 0;
    }
2.  #include <iostream>
    using namespace std;
    int f(int x)
    {   static int a=0; int b=0;
        a=a+x; b=b+x;
```

```
        cout<<a<<","<<b<<";";
        return (a+b);
    }
    int main()
    {   int i;
        for (i=1;i<=3;i++)
        cout<<f(i)<<endl;
        return 0;
    }
```

3.
```
    #include <iostream>
    using namespace std;
    #define A 5
    #define N A+A
    #define L 2*N
    int main()
    {
        int r=4;
        cout<<r*L<<endl;
        return 0;
    }
```

4.
```
    #include <iostream>
    #include <cmath>
    using namespace std;
    #define S(a,b) (a*b)/2
    #define L(a,b) sqrt(a*a+b*b)+a+b
    int main()
    {   float x=3, y=4;
        cout<<"S="<<S(x,y)<<", L="<<L(x,y)<<endl;
        return 0;
    }
```

5.
```
    #include <iostream>
    #include <cmath>
    using namespace std;
    char a='A';int b='B';
    void sub()
    {   char b='X';
        cout<<a<<","<<b<<endl;
        a=a+32;b=b+1;
    }
    int main()
    {   int k;
        for (k=1;k<=2;k++) sub();
        return 0;
    }
```

四、程序填空题

1. 下面的 fact()函数是用来计算 s=1+2+3+…+n 的递归函数，将函数补充完整。

```
#include <iostream>
using namespace std;
long int S(int n)
{   long sum;
    if(n==1)
        ①   ;
    else
        ②   ;
    return sum;
}
int main()
{   int n; long int z;
    cout<<"请输入整数 n："；
    cin>>n;
    z= S(n);
    cout<<"z="<<z<<endl;
    return 0;
}
```

2. 下面的程序实现求和：s=1!+2!+3!+…+n!。其中 n 的值在主函数中给定。

```
#include <iostream>
using namespace std;
double sum(int n)
{   int i;
    double s;
    double fac(int n);;
    s=0;
    for (i=1;i<=n; i++)
        s = s +   ①   ;
    return (s);
}
double fac(int n)
{   double z;
    if (n==1) z=1;
    else z=   ②   ;
    return z;
}
int main()
{   int n; double s;
    cout<<"请输入一正整数 n："；
    cin>>n;
    s=sum(n);
    cout<<"s="<<s<<endl;
```

```
            return 0;
    }
```

3. 本程序中函数 gold_tawer(int n)的功能是根据参数 n 的值打印一个 n 行的数字金字塔图案。比如，当 n＝5 时，打印的图案如下所示（假设每一行左端没有空格）。

```
                    1
                    121
                    12321
                    1234321
                    123454321
```

```
#include <iostream>
using namespace std;
void gold_tawer(int n)
{
    int i,j;
    for(i=1;i<=n;i++)                      //i 对行数进行循环
    {
        for(j=1;j<=___①___;j++) cout<<' ';    //打印第 i 行开头的若干个空格
        for(j=1;j<=___②___;j++) cout<<j;      //打印第 i 行开头的 i 个数字
        for(j=i-1;j>___③___;j--) cout<<j;     //打印第 i 行后面的 i-1 个数字
        cout<<'\n';
    }
}
int main()
{   int n;
    cout<<"请输入一个整数 n："
    cin>>n;
    gold_tawer(n);
    return 0;
}
```

4. 下列程序运行时调用函数 print44( )，输出如下结果的数据矩阵：

```
            8   3   4   5
            1   8   5   6
            2   1   8   7
            3   2   1   8
```

```
#include <iostream>
using namespace std;
void print44();
int main()
{
    print44();
    return 0;
}
```

```
void print44()
{  int j,k,a;
   for (j=1; j<=4;j++)
   {for (k=1; k<=4 ; k++)
   {if (j==k) cout<<____①____<<" ";
    else if (j>k) cout<<____②____<<" ";
    else cout<<____③____<<" ";
   }
   cout<<endl;
   }
}
```

五、编写程序题

1．编写一个函数 int rose(int n)，判断某一个四位数 n 是否为玫瑰花数，即该数的四位数字的四次方和恰好等于该数本身。如：$1634=1^4+6^4+3^4+4^4$。编写主函数求出所有玫瑰花数。

2．计算前 n 个正整数的阶乘和 $sum(n) = 1!+ 2!+\cdots+ n! = \sum_{i=1}^{n} i!$，其中，n 的值在主函数中指定。对阶乘的计算采用递归算法，求和过程也采用递归算法。

3．设数列的相邻两项满足如下关系：$x_{n+1} = 1 - x_n /2$，n=1，2，3，…。若 $x_1 = 1$，试编写一个函数求 x_n 以及前 n 项的和，其中 n 由主函数调用时给定。

4．若两素数之差为 2，则称该两素数为双胞胎数。求出[2,300]之内所有双胞胎数，并统计有多少对双胞胎数。

5．若两个连续自然数乘积减 1 后是素数，则称此两个连续自然数为友数对，该素数称为友素数。例如，2×3-1=5，因此，2 与 3 是友数对，5 是友素数。求[2,99]之间：①友数对的数目；②列出所有友素数；③求出所有友素数之和。

6．一自然数平方的末几位与该数相同时，称此数为自同构数。例如 5 就是一个同构数，因为，$5^2=25$。编程求出[1,700]以内的所有自同构数，并求出自同构数的数目。

7．编写一函数，求区间[1,n]中所有奇数的和，n 由主函数中给定，函数中用静态变量实现求和。

参考答案

一、选择题

1．D   2．C   3．B   4．A   5．A   6．B   7．D   8．D
9．D   10．D

二、填空题

1．名称，类型   2．延长，作用域

3．4，5，float   4．形式参数，形参，实际参数，实参

5. 值传递，实参，形参
6. 嵌套调用，递归调用
7. 全局，变量定义，本文件末，extern，static
8. 局部，动，短，静，程序运行期
9. static，静态函数，本程序，extern
10. 宏定义，文件包含，条件编译
11. 右端
12. 函数重载
13. 提高程序运行效率
14. ::

三、阅读程序题

1. 2
2. 1,1;2
   3,2;5
   6,3;9
3. 45
4. S=6,L=12
5. A, X
   a, X

四、程序填空题

1. ① sum=1　　　② sum=n+S(n-1)
2. ① fac(i)　　　② n*fac(n-1)
3. ① n-i　　　② i　　　③ 0
4. ① 8　　　② j-k　　　③ j+k

五、编写程序题

1. 参考程序如下：

```
#include <iostream>
using namespace std;
int rose(int n)
{   int g,s,b,q;
    g=n%10;
    s=n/10%10;
    b=n/100%10;
    q=n/1000;
    if(g*g*g*g+s*s*s*s+b*b*b*b+q*q*q*q==n)
        return 1;
    else
        return 0;
}
int main()
{
    int i;
    for(i=1000;i<=9999;i++)
    if(rose(i)) cout<<i<<'\t';
```

```
        cout<<endl;
        return 0;
    }
```

2．参考程序如下：

```
#include <iostream>
using namespace std;
long fac(int n)                    //定义计算 n!的递归函数 fac()
{
    long f;
    if (n<1) cout<<"输入错误，n 不能小于 1!"<<endl;
    else if(n==1) f=1;
    else f=fac(n-1)*n;             //递归调用 fac()函数
    return (f);
}
long sum(int n)                    //定义计算 1!+…+n!的递归函数 sum(n)
{
    long f;
    if (n<1) cout<<"输入错误，n 不能小于 1!"<<endl;
    else if(n==1) f=1;
    else f=sum(n-1)+fac(n);        //递归调用 sum()函数，同时嵌套调用 fac()函数
    return (f);
}
int main()
{
    int i,n;
    long y,s;
    cout<<"请输入一个正整数 n=";
    cin>>n;
    for(i=1;i<=n;i++)
    {
        y=fac(i);
        cout<<i<<"!="<<y<<endl;
    }
    s=sum(n);
    cout<<"1!+2!+...+n!="<<s<<endl;
    return 0;
}
```

3．分析：找出数列相邻项的递推关系，不难发现该关系为：$x_{n+1} = x_n /2 +1$。

参考程序如下：

```
#include <iostream>
using namespace std;
double sum_s( int n);              //函数声明
double x;                          //全局变量 x
int main()
{
    double s; int n;
```

```
        cout<<"请输入一个整数 n: ";
        cin>>n;
        s=sum_s(n);
        cout<<"x="<<x<<endl;
        cout<<"s="<<s<<endl;
    return 0;
    }
    double sum_s( int n)                //函数定义
    {
        int i;
        double s;
        x=1;s=x;                        //数列第 1 项 x=1，第 1 项的和 s=1
        for (i=2;i<=n;i++)
        {   x=1-x/2;                    //迭代关系求出第 i 项
            s=s+x;                      //累加第 i 项
        }
        return s;
    }
```

4．参考程序如下：

```
    #include <iostream>
    using namespace std;
    int is_prime(int x);               //声明自定义函数
    int main()
    {
        int j,m1,m2,n,max1;
        n=0;
        for (j=3;j<=300;j=j+2)
        {m1=j;m2=j+2;
          if ((is_prime(m1)==1)&&(is_prime(m2)==1))
          {n=n+1;
            cout<<"第"<<n<<"组双胞胎数是："<<m1<<","<<m2<<endl;}
        }
        cout<<"双胞胎数共有"<<n<<"对"<<endl;
        return 0;
    }
    int is_prime( int x)               //声明自定义函数，判断数 x 是否为素数
    {
        int n;
        for (n=2;n<x;n++)
            if (x%n==0) return (0);
        return 1;
    }
```

5．参考程序如下：

```
    #include <iostream>
    using namespace std;
    int is_prime(int x);               //声明函数 is_prime()判断 x 是否为素数，若是，则返回 1
```

```
int main()
{
    int j,m1,m2,m, n,s;
    n=0;s=0;
    for (j=2;j<=99;j++)
    {m1=j;m2=j+1;
      if (is_prime(m1*m2-1)==1)
      {n=n+1;
        cout<<"第"<<n<<"个友素数是："<<m1*m2-1<<endl;
        s=s+m1*m2-1;
      }
    }
    cout<<"友数对的总数目 n="<<n<<endl;
    cout<<"所有友素数之和 s="<<s<<endl;
    return 0;
}
int is_prime( int x)            //定义函数 is_prime()，判断 x 是否为素数，若是，则返回 1
{
    int n;
    for (n=2;n<x;n++)
        if (x%n==0) return (0);
    return 1;
}
```

6. 参考程序如下：

```
#include <iostream>
using namespace std;
int isomorphic(int j);          //声明函数 isomorphic(j)
int main()
{
    int j,n,max;
    n=0;
    for (j=1;j<=700;j++)
    if (isomorphic(j)==1)
    {n=n+1;
      cout<<"第"<<n<<"个自同构数是："<<j<<endl;
    }
    cout<<"自同构数总数目="<<n<<endl;
    return 0;
}
int isomorphic(int j)           //定义函数 isomorphic(j)，判断 j 是否为自同构数，若是，则返回 1
{
    int x,y;
    for (x=j,y=j*j;x>0;)
    {if ((x%10)!=(y%10)) return 0;
      x=x/10;
      y=y/10;
```

```
        }
        return 1;
    }
```
7. 参考程序如下：
```
    #include <iostream>
    using namespace std;
    int sum(int n)
    {
        static s=0;
        s=s+n;
        return s;
    }
    int main()
    {
        int i, n,s;
        cout<<"请指定 n：";
        cin>>n;
        for (i=1;i<=n;i=i+2)
            s=sum(i);
        cout<<"1～n 之和="<<s<<endl;
        return 0;
    }
```

练习 4　数组与指针

一、选择题

1. 如有定义 int a[20];，则下面可以正确引用数组元素的表达式是 （　　）。
   A．a[20]　　　　　　B．a[3.5]　　　　　　C．a(5)　　　　　　D．a[10-10]
2. 如有定义 int a[3][4];，则下面可以正确引用数组元素的表达式是 （　　）。
   A．a[2][4]　　　　　B．a[1,3]　　　　　　C．a[2][0]　　　　　D．a(2)(1)
3. 下列数组定义中，不正确的是 （　　）。
   A．int x[1][3];　　　　　　　　　　　B．int　x[2][2]={1,2,3};
   C．int x[2][]={1,2,3,4 };　　　　　　D．int x[][2]={1,2,3,4 }
4. 若有 int a,*p=&a;，则下面表达式为假的是 （　　）。
   A．*p==&a　　　　　B．p==&*p　　　　　C．p==&a　　　　　D．*p==a
5. 已知一运行正常的程序中有这样两个语句：
   ```
   int *p1,*p2=&a;
   p1=b;
   ```
   由此可推知，变量 a 和 b 的类型分别是 （　　）。
   A．int 和 int　　　　　　　　　　　　B．int 和 int*
   C．int*和 int　　　　　　　　　　　　D．int*和 int*

6．对于基类型相同的指针变量，下面（　　）运算是没有意义的。

  A．+　　　　　　　B．-　　　　　　　C．=　　　　　　　D．==

7．设有 int a[10], *p=a;，则下面语句有错误的是（　　）。

  A．p=p+1;　　　　B．p[0]=*p+1;　　C．a[0]=a[0]+1;　　D．a=a+1;

8．有 int i, a[10], *p=a;，则下面（　　）不是对 a 数组元素的正确引用，其中 0≤i≤9。

  A．a[p-a]　　　　B．*(&a[i])　　　C．p[i]　　　　　D．*(*(a+i))

9．设有 int a[10], *p=a;，则下面（　　）表示与 a[5]不等价。

  A．*(a+5)　　　　B．*(p+5)　　　C．p[5]　　　　　D．p+5

10．下列表达式中，与下标引用 a[k]等效的是（　　）。

  A．a+k　　　　　B．*a+k　　　　C．*(a+k)　　　　D．a+*k

11．要使指针变量 p 指向一维数组 a 的第 1 个元素，正确的赋值表达式是（　　）。

  A．p=a 或 p=a[0]　　　　　　　　B．p=a 或 p=&a[0]

  C．p=&a 或 p=a[0]　　　　　　　D．p=&a 或 p=&a[0]

12．变量 s 的定义为 char *s="Hello world!";，要使变量 p 指向 s 所指向的同一个字符串，则应选取（　　）。

  A．char *p=s;　　　　　　　　　B．char *p=&s;

  C．char *p;p=*s;　　　　　　　　D．char *p; p=&s;

二、填空题

1．已知 sizeof(int)等于 4，设有 int a[10]，则&a[9]-&a[0]的值是_____。

2．设有 int a[3][2] ={1,2,3,4,5,6}，(*p)[2]=a1，则*(*(p+2)+1)的值是_____。

3．假设已有 char *c="\nab\0c\0"，则 strlen(c)的返回值为_____。

4．定义 char *lang[]={"C++","BASIC"};，则 putchar(lang[1][1]);的结果是_____。

5．数组名相当于指针常量，一维数组名代表数组_____的地址；二维数组的元素可以排成一个二维阵列（第一个下标相同的元素排在一行，且同行元素的第二个下标依次递增，同列元素的第一个下标依次递增），则二维数组名代表这个阵列_____的地址。

6．函数名相当于指针常量，它代表函数的_____。

三、阅读程序题

1.
```cpp
#include <iostream>
#include <iomanip>
using namespace std;
int main()
{
    int num[10]={1};
    int i,j;
    for (j=0;j<10;++j)
      for (i=0;i<j;++i)
        num[j]=num[j]+num[i];
    for (j=0;j<10;++j)
```

```
            cout<<"   "<<num[j];
        cout<<endl;
        return 0;
    }
2.  int main()
    {   int t,i,a[10]={1,2,3,4,5,6,7,8,9,10};
        t=a[9];
        for(i=9;i>1;i=i-2)
            a[i]=a[i-2];
        a[1]=t;
        for(i=0;i<10;i++)
            cout<<"   "<<a[i];
        cout<<endl;
        return 0;
    }
3.  int main()
    {   char *s="ab5ca2cd34ef",*p;
        int i,j,a[]={0,0,0,0};
        for(p=s; *p!='\0';p++)
        {j=*p-'a'; if(j>=0&&j<=3) a[j]++;}
        for(i=0;i<4;i++)
            cout<<"   "<<*(a+i);
        cout<<endl;
        return 0;
    }
4.  int main()
    {   char a[]="ab12cd34ef";
        int i,j;
        for(i=j=0;a[i];i++)
            if(a[i]>='a'&&a[i]<='z') a[j++]=a[i];
                a[j]='\0';
        cout<<a;
        cout<<endl;
        return 0;
    }
5.  int sub(char *s)
    {   char *p=s;
        while(*p)p++;
        return (p-s);
    }
    int main()
    {   char a[]="abcdefg";
        cout<<sub(a)<<endl;
        return 0;
    }
```

6.
```cpp
void sub (int x, int y, int *p, int &q)
{* p=x+y;
   q=x-y;
}
int main()
{   int a, b;
    sub (3, 4, &a, b);
    cout<<"a="<<a<<", b="<<b<<endl;
    return 0;
}
```

7.
```cpp
int main()
{   void s(char *,char *,int);
    char string1[]={"ABCDEFGHIJ"},string2[10];
    s(string1,string2,5);
    cout<<string2<<endl;
    return 0;
}
void s(char *p, char *q, int m)
{   int n=0;
    while(n<m-1)
    { n++;
        p++;
    }
    while(*p!='\0')
    { *q=*p;
        p++;
        q++;
    }
    *q='\0';
}
```

8.
```cpp
void f(char * st,int i)
{   st[i]='\0';
    cout<<st<<endl;
    if (i>1) f(st,i-1);
}
int main()
{   char st[]="abcd";
    f(st,4);
    return 0;
}
```

四、程序填空题

1. 下面的程序用选择法对输入的 10 个数按从小到大的顺序排序。
```cpp
#include <iostream>
#include <iomanip>
```

```
using namespace std;
int main()
{   int a[10],*p=a,i,k,j;
    int n=_____①_____;
    for(i=0;i<n;i++)   cin>>*p++;
    for(i=0;i<n-1;i++)
        {k=i;
         for(j=i+1;j<n;j++)
             if(_____②_____) k=j;
         if(k!=i) { a[i]=a[i]+a[k]; a[k]= a[i]- a[k]; a[i]=_____③_____; }
        }
    for(p=a;p<a+10;p++)     cout<<"   "<<*p;
    cout<<endl;
    return 0;
}
```

2．下面的程序是用来在数组 table 中查找 x，若数组中存在 x，程序输出数组中第一个等于 x 的数组元素的下标，否则输出-1。

```
int table[10]={12,34,54,23,45,33,78,87,59,97},x,index;
void lookup(int t[],int *i,int val,int n)
{   int k;
    for(k=0;k<n;k++)
        if(_____①_____) {*i=k;return;}
        _____②_____ ; return;
}
int main()
{   cin>>x;
    lookup(table,_____③_____,x,10 );
    cout<<"   "<<index<<endl;
    return 0;
}
```

3．下面的程序首先输入一个字符串，然后将输入字符串中的字符'a'替换为'XUE'，并输出替换后的结果。

```
void replace(char *src, char *dest)
{   int i, j;
    for(i=j=0; src[i]!='\0'; ; i++)
    { if(*(src+i)!='a')  _____①_____;
      else { *(dest+j++)='X';
             *(dest+j++)='U';
             *(dest+j++)='E';
      }
    }
    *(dest+j)='\0';;
}
```

```
int main()
{   char strin[81], strout[81];
    cin.getline(strin, 80,'\n');
    replace( _____②_____, strout);
    cout<<strout;
    return 0;
}
```

4. 下面程序的功能是删除字符串 s 中的空格。

```
int main()
{
    char s[]="Beijing ligong daxue";
    int i,j;
    for(i=j=0;s[i]!='\0';i++)
        if(s[i]==' ')  _____①_____  ;
        else s[j++]=s[i];
    s[j]=_____②_____;
    cout<<s<<endl;
    return 0;
}
```

5. 下面的程序根据输入 x、y 值的大小关系进行计算。如果 x 大于 y，则输出 x 减去 y 之差；否则，输出 x 与 y 之积。

```
int main()
{   float x,y,s;
    float (*q)( float, float);
    float sub(float, float),_____①_____;
    float fun(float,float,float (*)(float, float));
    cout<<"input x   and   y:\n";
    cin>>x>>y;
    q=_____②_____;
    if (x>y)
        s=fun(x,y,q);
    else
        s=fun(x,y,_____③_____);
    cout<<"The result:"<<s<<endl;
    return 0;
}
float sub(float a, float b)
{ return(a-b);}
float mul(float a, float b)
{ return(a*b); }
float fun(float a, float b,float (*p)(float, float))
{ return(p(a,b)); }
```

五、编写程序题

1．编写一个函数，统计出具有 n 个元素的一维数组中大于等于所有元素平均值的元素个数并返回它。

2．编写函数 void InsertSort(int a[], int n) 对 a 数组中的 n 个元素用插入法排序。

3．从键盘输入若干学生（不超过 100 人）的某门课程成绩，计算平均分，并输出高于平均分的人数及成绩。输入成绩为负时表示输完成绩。

4．写一个函数在给定的字符串中查找指定的字符。若找到，返回该字符的地址，否则，返回 NULL 值。然后调用该函数输出一字符串中从指定字符开始的全部字符，如输入 abcbde 和 b，则输出 bcbde。

5．编写函数 void trans10_2_8_16(char *p,long m,int base)将整数 m 转换成 base 进制的数，结果用字符串的形式表示，而且该字符串存于 p 所指的存储空间。如 31 转换成八进制数表示成"37"，但存为逆序串"73"，转换成十六进制数表示成"1F"，存为逆序串"F1"。

6．从键盘输入一个正整数，判断其是否为回文数。所谓回文数是顺读与反读都一样的数，如 12321 和 234432 都是回文数。

7．Josephus 问题。有 m 个同学围成一个圆圈做游戏，从某人开始编号（编号为 1～m），并从 1 号同学开始报数，数报到 n 的同学被取消游戏资格，下一个同学（第 n+1 个）又从 1 开始报数，数报到 n 的同学便第二个被取消游戏资格，如此重复，直到最后一个同学被取消游戏资格，求依次被取消游戏资格的同学编号。

8．用筛选法求[2,n]范围内的全部素数。

参考答案

一、选择题

1．D　　2．B　　3．C　　4．A　　5．B　　6．A　　7．D　　8．D
9．D　　10．C　　11．B　　12．A

二、填空题

1．9　　　　　　　　　　　　　2．6
3．3　　　　　　　　　　　　　4．'A' 或 A
5．首元素或第一个元素，首行或第一行　　6．入口地址

三、阅读程序题

1．1　1　2　4　8　16　32　64　128　256
2．1　10　3　2　5　4　7　6　9　8
3．2　1　2　1
4．abcdef
5．7

6．a=7,b=-1

7．EFGHIJ

8．abcd

abc

ab

a

四、程序填空题

1．① 10 　　　　② a[j]<a[i] 　　　③ a[i]-a[k]

2．① t[k]= =val 　　　② *i = -1 　　　③ &index

3．① *(dest+j++)=src[i] 　　　② strin

4．① continue（或空语句） 　　② '\0' 或　0

5．① mul(float, float) 　　　② sub 　　　③ mul

五、编写程序题

1．参考程序如下：

```
int Count(double a[], int n)
{   double m=0;
    int i;
    for(i=0;i<n;i++) m+=a[i];
    m=m/n;
    int c=0;
    for(i=0;i<n;i++)
        if(a[i]>=m) c++;
    return c;
}
```

2．参考程序如下：

```
void InsertSort(int a[], int n)
{   int i,j,x;
    for(i=1;i<n;i++) {                    //进行 n-1 次循环
        x=a[i];
        for(j=i-1;j>=0;j--)               //为 x 顺序向前寻找合适的插入位置
            if(x<a[j]) a[j+1]=a[j];
            else break;
        a[j+1]=x;
    }
}
int main()
{
    int i;
    int a[6]={20,15,32,47,36,28};
```

```
        InsertSort(a,6);
        for(i=0; i<6; i++) cout<<a[i]<<' ';
        cout<<endl;
        return 0;
    }
```

3．求解过程如下：

（1）定义一个有 100 个元素的一维数组 score，将各成绩输入到数组中，同时累计总分和人数，具体用循环结构实现。

（2）计算平均分。

（3）将数组中的成绩值一个个与平均分比较，输出高于平均分的成绩，同时统计高于平均分的人数。

（4）最后输出高于平均分的人数。

参考程序如下：

```
#include <iostream>
using namespace std;
int main( )
{   float score[100],ave,sum=0,x;
    int i,n=0,count;
    cout<<"input score:\n";
    cin>>x;
    while (x>=0&&n<=100)
    {   sum+=x;                              //累计总分
        score[n++]=x;                        //输入的成绩保存在数组 score 中，n 对输入的成绩记数
        cin>>x;
    }
    ave=sum/n;
    cout<< '\n'<<"average= "<<ave<<endl;    //输出平均分
    cout<< "The   score   beyond   average:\n ";
    for (count=0，i=0;i<n;i++)
        if (score[i]>ave)
        {   cout<< score[i]<<"   ";          //输出低于平均分的成绩
            count++;                         //统计高于平均分的成绩的人数
            if (count%5= =0) cout<<'\n';     //每行输出成绩达 5 个时换行
        }
    cout<< "count="<< count;                 //输出高于平均分的人数
    return 0;
}
```

4．函数有两个参数，指向字符串首字符的指针和待查找的字符。参考程序如下：

```
#include <iostream>
#include <string>
using namespace std;
int main()
```

```
{   char *sear_ch(char *,char);
    char a[100],*str=a,ch;
    cout<<"Input a string:\n";
    cin.getline(str, 100,'\n');
    cout<<"Input the char from which outputting subtring begins :\n";
    cin>>ch;
    str=sear_ch(str,ch);
    cout<<"Then substring is:\n";
    cout<<str<<endl;
    return 0;
}
char *sear_ch(char *s,char c)
{   char *p=s;
    while(*p&&*p!=c)              //还没找完字符串又没找到要找的字符时继续找，执行循环体
        p++;
    return *p?p:NULL;
}
```

5．参考程序如下：

```
int main()
{   int i,radix;
    long n;
    char a[33];
    void trans10_2_8_16(char b[],long m,int base);
    cout<<"\nInput radix(2,8,16):";          //输入转换基数
    cin>>radix;
    cout<<"\nInput a positive integer:";     //输入被转换的数
    cin>>n;
    trans10_2_8_16(a,n,radix);
    for (i=strlen(a)-1;i>=0; i--)            //逆向输出字符串
        cout<<*(a+i);                        //*(a+i)即 a[i]
    cout<<"\n";
    return 0;
}
void trans10_2_8_16(char *p,long m,int base)
{
    int r;
    while (m>0)
    {
        r=m%base;                            //求余数
        if (r<10) *p=r+'0';                  //小于 10 的数转换成字符后送 p 指向的元素
        else    *p=r+'A'-10;                 //数 10～15 转换成 A～F 后送 p 指向的元素
        m=m/base;
        p++;                                 //指针下移
```

```
        }
        *p='\0';                              //在最后加上字符串结束标志
    }
```

6．分析：设输入的数为 n，则 n 的位数随机变化，现将 n 的每一位上（对 10 求模）的数字分解出来并按顺序保存在数组 digit（足够长）中，根据回文数的特点，将分解出的数字序列的左、右两端对称位置的数字两两比较，用 i、k 两个变量记录两端数字序号，在比较过程中，序号 i、k 向中间靠拢，若直到位置重叠时各位数字都相等，则为回文数，否则，不是。

参考程序如下：

```
    int main()
    {   int i,k;
        long n,m;
        int digit[10];                        //输入的数不能超过 10 位
        cout<<"输入一个正整数：";
        cin>>n;
        m=n;   k=0;
        do                                    //数字分解
        {   digit[k++]=m%10;
            m/=10;
        }while (m!=0);
        k--;
        for (i=0;i<k;i++,k--)
            if (digit[i]!=digit[k]) break;    //不相等，则不是回文数，退出循环
            if (i<k)   cout<<n<<"不是一个回文数";
            else cout<<n<<"是一个回文数";
        cout<<endl;
        return 0;
    }
```

7．分析：定义一个数组 k，它共有 m+1 个元素，各元素的下标代表 m 个同学的编号，各元素的值代表同学是否被取消游戏资格，以 1 表示未被取消，以 0 表示已被取消，这样做的好处是，在对同学报数进行统计时，可以直接累加 k 数组元素的值。当 k 数组元素的值全为 0 时，游戏结束。

参考程序如下：

```
    #define M 10
    #define N 5
    int main()
    {   int k[M+1],i=0,j=0,num=0;
        for(i=1;i<=M;i++)
        k[i]=1;
        i=0;
        do
        {   i=i%M+1;                          //数到编号 M+1 时要绕到前面去，这是关键
            j+=k[i];                          //若 k[i] 为 0，说明编号为 i 的已出队，相当于没报数
```

```
        if (j==N)                    //数到当前的编号 i 凑够 N 个
        {k[i]=0;                     //编号 i 的出队
          num++;                     //出队人数加 1
          j=0;                       //下一轮重新计数
          cout<<"   "<<i;}
        }while (num<M);
    cout<<endl;
    return 0;
}
```

8．分析：要找出 2 到 n 的全部素数，在 2～n 中划去 2 的倍数（不包括 2），再划去 3 的倍数（不包括 3），由于 4 已被划去，再找 5 的倍数，……，直到划去不超过 n 的数的倍数，剩下的数都是素数。

参考程序如下：

```
#include <iostream>
#include <iomanip>
#include <math>
using namespace std;
#define N 100
int main()
{   int p[N+1],m,i,j;
    m=sqrt(N);
    for(i=2;i<=N;i++)
        p[i]=i;
    for(i=2;i<=m;i++)
      if (p[i])                      //相当于 p[i]>0，说明 p[i]没划掉
        for(j=2*i;j<=N;j+=i)
          p[j]=0;                    //相当于划掉 p[i]
    for(i=2;i<=N;i++)
        if (p[i]>0) cout<<setw(6)<<p[i];
    cout<<endl;
    return 0;
}
```

练习 5   自定义数据类型

一、选择题

1．对于结构体变量，下列说法正确的是（   ）。
   struct st1{int a, b; float x, y;}s1, s2;
   struct st2{int a, b; float x, y;}s3, s4;
  A．s1、s2、s3、s4 可以相互赋值
  B．只有 s1 和 s2、s3 和 s4 之间可以相互赋值

C．s1、s2、s3、s4 之间均不可以相互赋值

D．结构体变量不可以整体赋值

2．某结构体变量定义如下，对此结构体变量的成员的引用形式正确的是（　　）。

```
struct st{int a,b; float x,y;} s1,*p;
p=&s1;
```

A．s1->a 　　　　　　B．p->b 　　　　　　C．p.x 　　　　　　D．*p.y

3．下面定义中，对成员变量 x 的引用形式正确的是（　　）

```
struct st1 {int a, b; float x,y;};
struct st2 {int a, b; st1 s1;} ss;
```

A．ss.s1.x 　　　　　　B．s1.x 　　　　　　C．s1.ss.x 　　　　　　D．ss.x

4．设有以下说明语句：

```
typedef struct
{   int n;
    char ch[8];
}PER;
```

则下面叙述中正确的是（　　）。

A．PER 是结构体变量名　　　　　　B．PER 是结构体类型名

C．typedef struct 是结构体类型　　　　　　D．struct 是结构体类型名

5．以下对枚举类型名的定义中正确的是（　　）。

A．enum a={"one", "two", "three"};　　　　B．enum a {"one", "two", "three"};

C．enum a={one, two, three};　　　　D．enum a {one=9,two=-1,three};

6．下面程序的正确输出是（　　）。

```
#include <iostream>
using namespace std;
int main()
{   enum team{my,your=4,his,her=his+10};
    cout<<my<<' '<<your<<' '<<his<<' '<<her<<endl;
    return 0;
}
```

A．0 1 2 3 　　　　　　B．0 4 0 10

C．0 4 5 15 　　　　　　D．1 4 5 15

7．下面程序的正确输出是（　　）。

```
#include <iostream>
using namespace std;
int main()
{    struct ex
    {int x,y; };
    ex num[2]={1,3,2,7};
    cout<<num[0].y/num[0].x*num[1].x<<endl;
    return 0;
}
```

A．0 　　　　　　B．1 　　　　　　C．3 　　　　　　D．6

二、填空题

1．一个结构体变量所占用的空间是_____。

2．指向结构体数组的指针的类型是_____。

3．设有定义 enum color {red=5,yellow=0,blue=3,white,green};，则 white 的取值为_____。

4．已知变量 m 的定义 int m[10];，要申请一块能容纳 m 中所有数据的动态空间，并使变量 pm 指向这个动态空间，则 pm 应定义为_____，释放以上申请的所有动态空间的语句是_____。

5．设有以下说明语句，则对初值中整数 2 的引用方式为_____。

```
struct
{
    char ch;
    int i;
    double x;
}a[2][3]={{{'a',1,3.45},{'b',2,7.98},{'c',3,1.93}}};
```

6．执行 typedef int ABC[10];语句把 ABC 定义为具有 10 个整型元素的_____。

三、阅读程序题

1.
```cpp
#include <iostream>
using namespace std;
int main()
{   struct example
    {struct {int x; int y;}in;
     int a;
     int b;
    }e;
    e.a=1;   e.b=2;   e.in.x=e.a*e.b;
    e.in.y=e.a+e.b;
    cout<<e.in.x<<'\t'<<e.in.y<<'\n';
    return 0;
}
```

2.
```cpp
#include <iostream>
using namespace std;
int main()
{   typedef char *STRING;
    STRING ptr;
    char name[]="It is a mug";
    ptr=name;
    cout<<ptr<<endl;
    cout<<*(ptr+4)<<endl;
    return 0;
}
```

3.
```cpp
#include <iostream>
using namespace std;
struct st
{
    int x;
    int *y;
}*p;
    int s[]={10,20,30,40};
    st a[]={1,&s[0],2,&s[1], 3,&s[2], 4,&s[3]};
int main()
{   p=a;
    cout<<p->x<<",";
    cout<<(++p)->x<<",";
    cout<<*(++p)->y<<",";
    cout<<++(*(++p)->y) <<endl;
    return 0;
}
```

4.
```cpp
#include <iostream>
using namespace std;
int main()
{   union a
    {long b[2];
     struct {int i,j;}c;
     int d[2];
    }ua;
    ua.b[0]=100;   ua.b[1]=200;
    cout<<ua.b[0]<<","<<ua.b[1]<<endl;
    cout<<oct<<ua.c.i<<","<<ua.c.j<<endl;
    cout<<hex<<ua.d[0]<<","<<ua.d[1]<<endl;
    return 0;
}
```

5.
```cpp
#include <iostream>
using namespace std;
int main()
{   enum suits{SPADE=3,HEART=2,DIAMOND=1,CLUB=0}cards;
    cards=CLUB;
    char *s[]={"club","diamond","heart","spade"};
    while (cards<=SPADE)
    {
       cout<<s[cards]<<",";
       cards=suits(cards+1);
    }
    cout<<endl;
    return 0;
}
```

四、程序填空题

1. 以下程序是用"比较计数"法对结构体数组 a 按字段 num 进行排序的。该算法的基本思想是：通过另一个字段 con 记录 a 中小于某一特定关键字的元素的个数。待算法结束，a[i].con 就是 a[i].num 在 a 中的排序位置，请完成程序。

```cpp
#include <iostream>
using namespace std;
#define N 8
struct c{int num; int con;}a[16];
int main()
{   int i,j;
    for(i=0;i<N;i++)
    {   cin>>a[i].num;a[i].con=0;}
    for(i=N-1;i>=1;i--)
        for(j=i-1;j>=0;j--)
            if(a[i].num<a[j].num)        ①        ;
            else        ②        ;
    for(i=0;i<N;i++)
        cout<<a[i].num<<'\t'<<a[i].con<<'\n';
    return 0;
}
```

2. 结构数组中存有 3 人的姓名和年龄，以下程序输出 3 人中年龄最长者的姓名和年龄。

```cpp
#include <iostream>
using namespace std;
static struct man
{
    char name[20];
    int age;
}person[]={"liming",28,"wanghua",19,"zhangping",26};
int main()
{   struct man *p,*q;
    int old=0;
    p=person;
    for(;p<        ①        ;p++)
        if(old<p->age)
            {q=p;        ②        ;}
    cout<<q->name<<'\t'<<q->age;
    return 0;
}
```

3. 设链表上节点的数据结构如下：

```cpp
struct node
{
    char info;
    struct node *link;
};
```

用插头法建立链表，逐个输入字符，以回车作为结束，并输出链表的值。

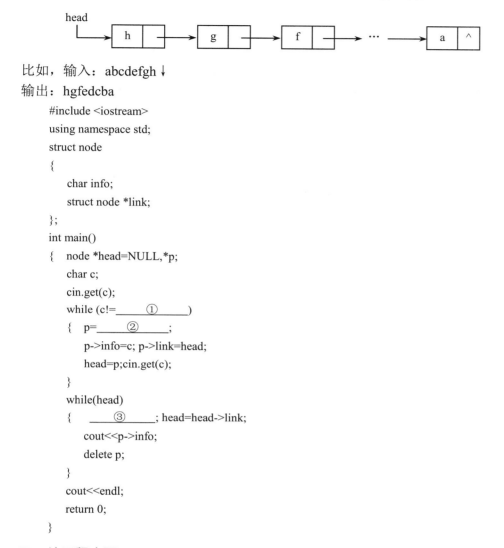

比如，输入：abcdefgh↓

输出：hgfedcba

```
#include <iostream>
using namespace std;
struct node
{
    char info;
    struct node *link;
};
int main()
{   node *head=NULL,*p;
    char c;
    cin.get(c);
    while (c!=_____①_____)
    {   p=_____②_____;
        p->info=c; p->link=head;
        head=p;cin.get(c);
    }
    while(head)
    {   _____③_____; head=head->link;
        cout<<p->info;
        delete p;
    }
    cout<<endl;
    return 0;
}
```

五、编写程序题

1．从键盘输入三个正整数，分别表示某年某月某日，计算它们对应于该年的第多少天，并输出结果值。要求年、月、日均作为某结构体的成员。

2．利用结构体：

```
struct complex
{   int re;
    int im;
};
```

编写求两个复数和、差的函数 cadd、csub，并利用函数求下列算式的值：

（1）(3+4i)+(5+6i)

（2）(10+20i)-(30+40i)

3．定义一个描述三种颜色的枚举类型（red、blue、green），输出这三种颜色的全部排列结果。

4．统计候选人得票的程序。设有 3 个候选人，最终只能有 1 人当选。现有 10 人参加投票，从键盘先后输入这 10 人所投候选人的名字，要求输出 3 名候选人的得票结果。

5．输入全班学生的数据，每个学生的数据包括学号、姓名、性别、三门课的考试成绩及平均成绩。要求用链表实现以下功能：

（1）编写一个 input 函数，用来输入 10 个学生的信息。

（2）编写一个 output 函数，用来输出 10 个学生的信息。

（3）计算每个学生的平均成绩，并按平均成绩由小到大排序后输出。

参考答案

一、选择题

1．B   2．B   3．A   4．A   5．D   6．C   7．D

二、填空题

1．各成员所需内存空间的总和   2．结构体数组的类型

3．4   4．int *pm=new int[10];，delete []pm;

5．a[0][1].i   6．数组类型

三、阅读程序题

1．2   3

2．It is a mug

s

3．1,2,3,41

4．100,200

144,310

64,c8

5．club,diamond,heart,spade,

四、程序填空题

1．①a[i].con++   ②a[j].con++

2．①<person+3   ②old=p->age

3．①'\n'   ②new node   ③p=head

五、编写程序题

1．分析：关键在于是否为闰年。

对于非闰年，有：天数=1月天数+2月天数+…+上月天数+日数。

对于闰年，有两种情况

（1）若月份≥3，则天数=1 月天数+2 月天数+…+上月天数+日数+1。

（2）若月份＜3，则天数与非闰年一致。

参考程序如下：

```
#include <iostream>
using namespace std;
int main()
{   int i,days;
    struct
    {int month,day,year;}date;
    int daytab[13]={0,31,28,31,30,31,30,31,31,30,31,30,31};
    cout<<"Enter month,day,year:";
    cin>>date.month>>date.day>>date.year;
    days=0;
    for(i=1;i<date.month;i++)
        days+=daytab[i];
    days+=date.day;
    if((date.year%4==0)&&date.year%100!=0|| date.year%400==0)&&date.month>=3)
        days+=1;
    cout<<"month   "<<date.month<<"day   "<<date.day<<"is the"
        <<days<<"th day in year"<<date.year<<endl;
    return 0;
}
```

2．参考程序如下：

```
#include <iostream>
using namespace std;
struct complex
{   int re;
    int im;
};
complex cadd(complex c1,complex c2)
{   complex c;
    c.re=c1.re+c2.re;
    c.im=c1.im+c2.im;
    return c;
}
complex csub(complex c1,complex c2)
{   complex c;
    c.re=c1.re-c2.re;
    c.im=c1.im-c2.im;
    return c;
}

int main()
{   complex x1={3,4},x2={5,6},x;
```

```
        complex y1={10,20},y2={30,40},y;
        x=cadd(x1,x2);
        y=csub(y1,y2);
        cout<<"x="<<x.re<<"+"<<x.im<<"i"<<endl;
        cout<<"y="<<y.re<<"-"<<y.im<<"i"<<endl;
        return 0;
    }
```

3．分析：这是三种颜色的全排列问题，用穷举法即可输出三种颜色的全部 27 种排列结果。

参考程序如下：

```
        #include <iostream>
        using namespace std;
        enum colors{red,blue,green};
        void show(colors color)
        {   switch(color)
            {   case red: cout<<"red";break;
                case blue: cout<<"blue";break;
                case green: cout<<"green";break;
            }
            cout<<'\t';
        }
        int main()
        {   colors col1,col2,col3;
            for(col1=red;col1<=green;col1=colors(int(col1)+1))
                for(col2=red;col2<=green;col2=colors(int(col2)+1))
                    for(col3=red;col3<=green;col3=colors(int(col3)+1))
                    {   show(col1);
                        show(col2);
                        show(col3);
                        cout<<'\n';
                    }
            return 0;
        }
```

4．分析：定义一个候选人结构体数组，包括 3 个元素，在每个元素中存放有关数据。

参考程序如下：

```
        #include <iostream>
        #include <string>
        using namespace std;
        struct candidate
        {   char name[20];
            int count;
        };
        int main()
        {   candidate ca[3]={"Li",0,"Zhang",0,"Fun",0};
            int i,j;
            char votename[20];          //votename 是投票人所选的人的姓名
            for(i=0;i<10;i++)
```

```
        {   cin>>votename;
            for(j=0;j<3;j++)
                if(strcmp(votename,ca[j].name)==0) ca[j].count++;
        }
        cout<<endl;
        for(i=0;i<10;i++)
            {cout<<ca[i].name<<":"<<ca[i].count<<endl;}
        return 0;
    }
```

5. 分析：定义一个描述学生信息的结构体数组，在每个元素中存放有关数据。输入学生人数，申请动态内存。

参考程序如下：

```
#include <iostream>
using namespace std;
struct student
{   char name[9];
    int no;
    float cpp,eng,math,avg;            //三门课的考试成绩及平均成绩
};
void input(student *p,int n)
{   int i;
    for(i=0;i<n;i++,p++)
    {   cout<<"Enter the "<<i+1<<"th student's data(name,sno,C++,eng,math):";
        cin>>(*p).name>>(*p).no>>(*p).cpp>>(*p).eng>>(*p).math;
    }
}
void average(student *p,int n)
{   int i;
    for(i=0;i<n;i++,p++)
        (*p). avg=((*p).cpp+(*p).eng+(*p).math)/3;
}
void output(student *p,int n)
{   int i;
    cout<<"\t\tThe student's score table\n";
    cout<<"name\tsno\tC++\teng\tmath\t avg\n";
    for(i=0;i<n;i++,p++)
        cout<<(*p).name<<"\t"<<(*p).no<<"\t"<<(*p).cpp<<"\t"<<(*p).eng<<"\t"<<(*p).math<<"\t"<<
            (*p).avg<<endl;
}
void sort(student *p,int n)
{   int i,j,k;
    student t;
    for(i=0;i<n-1;i++)
    {   k=i;
        for(j=i+1;j<n;j++)
            if(p[j].avg<p[k].avg) k=j;
```

```
            if(k!=i)
            {t=p[i];p[i]=p[k];p[k]=t;}
        }
    }
    int main()
    {   int num;
        student *p;
        cout<<"Enter the number of students:";
        cin>>num;
        p=new student[num];
        input(p,num);
        average(p,num);
        sort(p,num);
        output(p,num);
        delete []p;
        return 0;
    }
```

练习 6　类与对象

一、选择题

1. 以下有关类与结构体的叙述，不正确的是（　　）。
   A．结构体中只包含数据，类中封装了数据和操作
   B．结构体的成员对外界通常是开放的，类的成员可以被隐藏
   C．用 struct 不能声明一个类型名，而 class 可以声明一个类名
   D．结构体成员默认为 public，类成员默认为 private

2. 下列有关类的说法，不正确的是（　　）。
   A．对象是类的一个实例
   B．任何一个对象只能属于一个具体的类
   C．一个类只能有一个对象
   D．类与对象的关系和数据类型与变量的关系相似

3. 以下有关类和对象的叙述，不正确的是（　　）。
   A．任何一个对象都归属于一个具体的类
   B．类与对象的关系和数据类型与变量的关系相似
   C．类的数据成员不允许是另一个类的对象
   D．一个类可以被实例化成多个对象

4. 以下不是构造函数特征的是（　　）。
   A．构造函数的函数名与类名相同　　　B．构造函数可以重载
   C．构造函数可以设置默认参数　　　　D．构造函数必须指定类型说明

5. 下面对静态数据成员的描述中，正确的是（　　）。

　　A. 类的每一个对象都有自己的静态数据成员

　　B. 类的不同对象有不同的静态数据成员值

　　C. 静态数据成员不能通过类的对象调用

　　D. 静态数据成员是类的所有对象共享的数据

6. 友元的作用是（　　）。

　　A. 提高程序的运行效率　　　　　　B. 加强类的封装性

　　C. 实现数据的隐藏性　　　　　　　D. 增加成员函数的种类

7. 下面关于友元函数描述正确的是（　　）。

　　A. 友元函数的实现必须在类的内部定义

　　B. 友元函数是类的成员

　　C. 友元函数破坏了类的封装性和隐藏性

　　D. 友元函数不能访问类的私有成员

8. 以下有关析构函数的叙述，不正确的是（　　）。

　　A. 在一个类只能定义一个析构函数

　　B. 析构函数和构造函数一样可以有形参

　　C. 析构函数不允许用返回值

　　D. 析构函数名前必须冠有符号"~"

9. 对类的构造函数和析构函数的描述，正确的是（　　）。

　　A. 构造函数可以重载，析构函数不能重载

　　B. 构造函数不能重载，析构函数可以重载

　　C. 构造函数和析构函数均可以重载

　　D. 构造函数和析构函数均不能重载

10. 关于成员函数特征的下述描述中，错误的是（　　）。

　　A. 成员函数一定是内联函数

　　B. 成员函数可以重载

　　C. 成员函数可以设置参数的默认值

　　D. 成员函数可以是静态的

11. 下列各类函数中，不是类的成员函数的是（　　）。

　　A. 构造函数　　　　　　　　　　　B. 复制初始化构造函数

　　C. 析构函数　　　　　　　　　　　D. 友元函数

12. 为了使类中的某个成员不能被类的对象通过成员操作符访问，则不能把该成员的访问权限定义为（　　）。

　　A. public　　　　　　　　　　　　B. protected

　　C. private　　　　　　　　　　　　D. static

13. 类的析构函数的作用是（　　）。

　　A. 一般成员函数　　　　　　　　　B. 类的初始化

　　C. 对象初始化　　　　　　　　　　D. 删除对象

14. 如果没有显式定义构造函数（包括复制构造函数），C++编译器就（   ）。

    A．出现编译错误   B．没有构造函数

    C．必须显示定义   D．隐式定义默认的构造函数

15. 下面对构造函数和析构函数的定义，正确的是（   ）。

    A．void A::A()，void A::~A()   B．A::A(参数)，A::~A()

    C．A::A(参数)，A::~A(参数)   D．void A::A(参数)，void A::~A(参数)

16. 假设 ClassA 为一个类，则该类的复制初始化构造函数的声明语句为（   ）。

    A．ClassA(ClassA p);   B．ClassA &(ClassA p);

    C．ClassA(ClassA &p);   D．ClassA (ClassA *p);

17. 设有定义：

```
class person
{   int num;
    char name[10];
    public:
    void init(int n, char *m);
};
person s[30];
```

则以下叙述不正确的是（   ）。

    A．s 是一个含有 30 个元素的对象数组

    B．s 数组中的每一个元素都是 person 类的对象

    C．s 数组中的每一个元素都有自己的私有变量 num 和 name

    D．s 数组中的每一个元素都有各自的成员函数 init

18. 设有以下类的定义：

```
class Ex
{   int x;
    public:
    void setx(int t=0);
};
```

若在类外定义成员函数 setx()，以下定义形式中正确的是（   ）。

    A．void setx(int t) {…}   B．void Ex::setx(int t) {…}

    C．Ex::void setx(int t) {…}   D．void Ex::setx(){…}

19. 下列表达方式正确的是（   ）。

    A．class A{   B．class A{

       public: public:

       int x=37;   int x;

       void Show(){cout<<x;}   void Show(){cout<<x;}

       };   }

    C．class A{   D．class A{

       int x;   public:

       };   int y;

       x=15;   void Seta(int x) {y=x;}}

20．设有以下类和对象的定义：

```
class A
{   public:
      int k;
};
A x1,x2,*p1,*p2;
```

则下面针对成员变量 k 的引用，正确的是（　　）。

　　A．x1->k=1;　　　B．x2.k=2;　　　C．p1.k=3;　　　D．(*p2)->k=4;

二、填空题

1．类是对象的_____，而对象则是类的具体_____。

2．对象是一组属性和在这些属性上操作的_____。

3．在 C++类的定义中，利用_____描述对象的特征，利用_____描述对象的行为。

4．类的成员按访问权限可分为 3 类，分别是_____、_____、_____。

5．如果不做特殊说明，类成员的默认访问权限是_____，结构体成员的默认访问权限是_____。

6．在 C++中，类定义一般用_____关键字，不过用_____关键字也可以定义类，它们定义类的区别在于_____。

7．当一个对象定义时，C++编译系统自动调用_____建立该对象并进行初始化。当一个对象的生命周期结束时，C++编译系统自动调用_____撤销该对象并进行清理工作。

8．设有如下程序结构：

```
class Box
{…};
int main()
{Box A,B,C; }
```

该程序运行时调用_____次构造函数，调用_____次析构函数。

9．设 A 为 test 类的对象且赋有初值，则语句 test B(A);表示_____。

10．利用"对象名.成员变量"形式访问的对象成员仅限于被声明为_____的成员。若要访问其他成员变量，需要通过_____函数或_____函数。

11．在 C++中，虽然友元提供了类之间数据进行访问的一种方式，但它破坏了面向对象程序设计的_____。

12．若类中没有明确定义析构函数，清除对象的工作_____来完成。

13．类 test 的构造函数是和_____同名的函数，析构函数是_____。

14．复制构造函数使用_____作为参数初始化创建中的对象。

15．为了避免在调用成员函数时修改对象中的任何数据成员，则应在定义该成员函数时，在函数头的后面加上_____关键字。

16．假定 A 是一个类，"A* abc();"是该类中一个成员函数的原型，则在类外定义时的函数头为_____。

三、阅读程序题

1.
```cpp
#include <iostream>
using namespace std;
class Sample
{
    char c1,c2;
    public:
    Sample(char a){c2=(c1=a)-32;}
    void disp()
    {
        cout<<c1<<"转换为"<<c2<<endl;
    }
};
int main()
{
    Sample a('a'),b('b');
    a.disp();
    b.disp();
    return 0;
}
```

2.
```cpp
#include <iostream>
using namespace std;
int count=0;
class Point
{   int x,y;
    public:
    Point()
    {   x=1;y=1;
        count++;
    }
    ~Point()
    {count--;}
    friend void display();
};
void display()
{   cout<<"There are "<<count<<" points,"<<endl;}
int main()
{   Point a;
    display();
    {   Point b[5];
        display();
    }
    display();
    return 0;
}
```

3.
```cpp
#include <iostream>
using namespace std;
class A
{   public:
    int x;
    A(int i){x=i;}
    void fun1(int j)
    {   x+=j;
        cout<<"fun1:"<<x<<endl;
    }
    void fun2(int j)
    {   x+=j;
        cout<<"fun2:"<<x<<endl;
    }
};
int main()
{   A c1(2),c2(5);
    void (A::*pfun)(int)=A::fun1;
    (c1.*pfun)(5);
    pfun=A::fun2;
    (c2.*pfun)(10);
    return 0;
}
```

4.
```cpp
#include <iostream>
using namespace std;
class Sample
{
    int x;
    public:
    Sample(){};
    void setx(int i){x=i;}
    friend int fun(Sample B[],int n)
    {   int m=0;
        for (int i=0;i<n;i++)
            if (B[i].x>m) m=B[i].x;
        return m;
    }
};
int main()
{   Sample A[10];
    int Arr[]={90,87,42,78,97,84,60,55,78,65};
    for(int i=0;i<10;i++)
        A[i].setx(Arr[i]);
    cout<<fun(A,10)<<endl;
    return 0;
}
```

5.
```cpp
#include <iostream>
using namespace std;
class Sample
{
    int i;
    public:
        Sample();
        void Show();
        ~Sample();
};
Sample::Sample()
{   cout<<"Constructor"<<',';
    i=0;
}
void Sample::Show()
{cout<<"i="<<i<<',';}
Sample::~Sample()
{ cout<<"Destructor\n";}
int main()
{   Sample a;
    a.Show();
    return 0;
}
```

6.
```cpp
#include <iostream>
using namespace std;
class Sample
{   private:
        int i;
        static int k;
    public:
        Sample();
        void Show();
};
int Sample::k=0;
Sample::Sample()
{i=0; k++;}
void Sample::Show()
{cout<<"i="<<i<<",k="<<k<<endl;}
int main()
{   Sample a;
    a.Show();
    Sample b;
    b.Show();
    return 0;
}
```

7.  ```cpp
    #include <iostream>
    using namespace std;
    class Count
    {
        public:
            Count(){ count++;}
            static int HM(){return count;}
            ~Count()
            { count--;}
        private:
            static int count;
    };
    int Count::count=10;
    int main()
    {
        Count c1,c2,c3,c4;
        cout<<Count::HM()<<'\t'<<c1.HM()<<endl;
        return 0;
    }
    ```

8.  ```cpp
    #include <iostream>
    using namespace std;
    class A
    {
        public:
        A(double t,double r)
        { Total=t; Rate=r;}
            friend double Count(A &a)
            {
                a.Total +=a.Rate*a.Total;
                return a.Total;
            }
        private:
        double Total,Rate;
    };
    int main()
    {   A a1(100.0,0.35),a2(200.0,0.02);
        cout<<Count(a1)<<','<<Count(a2)<<endl;
        return 0;
    }
    ```

9.  ```cpp
    #include <iostream>
    using namespace std;
    class myclass
    {   int a,b;
        public:
        void init(int i, int j)
        {a=i; b=j;}
    ```
    ```

```
        friend int sum(myclass x);
};
int sum(myclass x)
{return x.a+x.b; }
int main()
{   myclass y;
    y.init(37,41);
    cout<<sum(y)<<endl;
    return 0;
}
```

10.
```
#include <iostream>
#include <string>
using namespace std;
class person
{   int age;
    char name[10];
    public:
        void init(int i,char *str)
        {age=i;strcpy(name,str);}
        void display()
        {cout<<name<<" is "<<age<<" years old.\n";}
};
int main()
{   person Show;
    Show.init(27, "Jack Chen");
    Show.display();
    return 0;
}
```

11.
```
#include <iostream>
using namespace std;
class Sample
{
    int x,y;
    public:
    Sample(int i,int j)
    { x=i; y=j;}
    void display()
    { cout<<"First:x="<<x<<",y="<<y<<endl; }
    void display() const
    { cout<<"Second:x="<<x<<",y="<<y<<endl; }
};
int main()
{
    Sample a(11,21);
    a.display();
    const Sample b(34,44);
```

```
        b.display();
        return 0;
    }
```

四、程序填空题

1. 使程序的输出结果为 100。

```
#include <iostream>
using namespace std;
class Test
{
    public:
    Test(int aa)
    {
        _____①_____ ;_}
    int GetX()
    {
        _____②_____ ; }
    private:
    int X;
};
int main()
{
    Test xx(100);
    cout<<xx.GetX()<<endl;
    return 0;
}
```

2. 使程序的输出结果为：

        The worker is Zhang San
        The manager is Liu Ping

```
#include <iostream>
using namespace std;
class manager;
class worker
{
    char *name;
    public:
    worker(char *str)
    {
        name=str;
    }
    friend void print(worker &, manager &);
};
class manager
{
    char *name;
    public:
```

```
        manager(char *str)
        {
            _____①_____;
        }
        friend void print(worker &, manager &);
    };

    void print(_____②_____, manager &b)
    {
        cout<<"The worker is "<<a.name<<endl;
        cout<<" The manager is "<<b.name<<endl;
    }
    int main()
    {
        worker w("Zhang San");
        manager m("Liu Ping");
        print(_____③_____);
        return 0;
    }
```

3．若一个 3 位整数的各位数字的立方和等于 1099，则称该数为 A 数，求全部 A 数之和。

```
#include <iostream>
using namespace std;
class number
{   private:
    int a,b;
    public:
    void mn(int m,int n)
    {a=m; b=n;}
    void print()
    { int m1=0, m2=0, m3=0, m=0,sum=0;
      for(m=a; m<=b; m++)
      { m1= _____①_____;
        m2= (m/10) %10;
        m3= m/100;
        if (m1*m1*m1 + m2*m2*m2+ m3*m3*m3 == 1099) sum+=m;
      }
        cout<<sum<<endl;
    }
};
int main()
{   number ob;
    _____②_____
    ob.print();
    return 0;
}
```

4．以下程序的功能是：设计一个 Employee 类，包括编号、姓名和工资等私有数据成员，不含任何成员函数，只将 main()设置为该类的友元函数，在主函数中输出编号、姓名和工资等数据。

```
#include <iostream>
using namespace std;
class Employee
{
    int no;
    char name[10];
    float salary;
    public:
    _____①_____    int main();
};
int main()
{
    _____②_____;
    cin>>obj.no>>obj.name>>obj.salary;
    cout<<obj.name<<"的编号是"<<obj.no<<"，工资为"<<obj.salary<<endl;
    return 0;
}
```

五、编写程序题

1．计算两个给定的长方形的周长和面积。

2．创建一个 employee 类，该类中有字符数组，表示员工姓名、部门和职称。把构造函数、changname()和 display()函数的原型放在类定义中，构造函数初始化每个成员，display()函数打印完整的对象数据。其中的数据成员是保护的，函数是公有的。

3．已有若干个学生数据，这些数据包括学号、姓名、高等数学成绩、程序设计基础成绩和英语成绩，求各门功课的平均分。要求设计不同的成员函数求各门课程的平均分，并使用成员函数指针调用它们。

4．统计学生成绩，其功能包括输入学生的姓名和成绩，按成绩从高到低排列打印输出，对前 70%的学生定为合格（Pass），而后 30%的学生定为不合格（Fail）。

5．输入 N 个学生的姓名和出生日期，并按年龄从大到小输出。

6．设计一个玩具类 toy，类中包含玩具单价、售出数量以及每种玩具销售的总金额等数据，为该类建立一些必要的成员函数，并在主程序中使用对象数组建立若干个带有单价和售出数量的对象，显示每种玩具销售的总金额。

7．堆栈是一种数据结构，其操作遵循"后进先出"原则。设计一个堆栈类 stack，利用堆栈操作实现将字符串反向输出的功能。

参考答案

一、选择题

1．C　　　2．C　　　3．C　　　4．D　　　5．D　　　6．D　　　7．C　　　8．B

9．A　　　10．A　　　11．D　　　12．A　　　13．D　　　14．D　　　15．B　　　16．C

17．D　　　18．B　　　19．D　　　20．B

二、填空题

1．抽象，实例   2．封装体

3．数据成员，成员函数   4．public，private，protected

5．private，public   6．class，struct，成员的访问控制符不一样

7．构造函数，析构函数   8．3，3

9．将对象 A 复制给对象 B   10．public，成员，友元

11．数据隐蔽性或封装性   12．默认的析构函数

13．类，~test()   14．this 指针

15．const   16．A* A::abc()

三、阅读程序题

1． a 转换为 A
 b 转换为 B

2． There are 1 points,
 There are 6 points,
 There are 1 points,

3． fun1:7
 fun2:15

4． 97

5． Constructor,i=0,Destructor

6． i=0,k=1
 i=0,k=2

7． 14   14

8． 135,204

9． 78

10． Jack Chen is 27 years old.

11． First:x=11,y=21
 Second:x=34,y=44

四、程序填空题

1． ①X=aa   ②return X

2． ①name=str   ②worker &a   ③w,m

3． ①m%10   ②ob.mn(100,999);

4． ①friend   ②Employee obj

五、编写程序题

1． 参考程序如下：

```
#include <iostream>
using namespace std;
```

```
        class rectangle
        {   int length,width;
            public:
                rectangle(int i=0,int j=0)
                { length=i;width=j;}
                friend int area(rectangle temp)
                { int s=temp.length*temp.width;
                   return s;
                }
                friend fun(rectangle temp)
                { int p=2*(temp.length+temp.width);
                    return p;
                }
        };
        int main()
        {   int x,y;
            cin>>x>>y;
            rectangle a(x,y);
            cout<<"长方形的周长和面积为："<<area(a)<<"\t"<<fun(a)<<endl;
            cin>>x>>y;
            rectangle b(x,y);
            cout<<"长方形的周长和面积为："<<area(b)<<"\t"<<fun(b)<<endl;
            return 0;
        }
```

2.　参考程序如下：

```
        #include <iostream>
        #include <string>
        using namespace std;
        class employee
        {
            protected:
                char name[10];          //姓名
                char section[20];       //部门
                char title[10];         //职称
            public:
                employee(char [],char [],char []);
                void changename(char str[]);
                void display();
        };
        employee::employee(char n[],char s[],char t[])
        {
            strcpy(name,n);strcpy(section,s);strcpy(title,t);
        }
        void employee::changename(char n[])
        {strcpy(name,n);}
        void employee::display()
```

```
    {
        cout<<"姓名："<<name<<'\t';
        cout<<"部门："<<section<<'\t';
        cout<<"职称："<<title<<'\n';
    }
    int main()
    {
        employee obj1("牛洁明","计算机系","高级工程师");
        employee obj2("黎太瑕","计算中心","副教授");
        employee obj3("张哲益","计算机系","教授");
        obj1.display();
        obj2.display();
        obj3.display();
        return 0;
    }
```

3. 分析：设计一个学生类 student，包括 no（学号）、name（姓名）、score1（高等数学成绩）、score2（程序设计基础成绩）、score3（英语成绩）数据成员和 3 个静态数据成员 sum1（累计高等数学总分）、sum2（累计程序设计基础总分）、sum3（累计英语总分）。另外有一个构造函数和 3 个求平均分的成员函数以及一个 print()成员函数。

参考程序如下：

```
    #include <iostream>
    #include <string>
    using namespace std;
    #define N 5
    class student
    {
        int no;
        char name[10];
        int score1,score2,score3;        //高等数学、程序设计基础和英语成绩
        static int sum1,sum2,sum3;        //3 门课程的总分
        public:
            student(int n,char na[],int d1,int d2,int d3)
            {
                no=n;
                strcpy(name,na);
                score1=d1;score2=d2;score3=d3;
                sum1+=score1;sum2+=score2;sum3+=score3;
            }
            double avg1(){return (float)sum1/N;}
            double avg2(){return (float)sum2/N;}
            double avg3(){return (float)sum3/N;}
            void print()
            {
                cout<<no<<'\t'<<name<<'\t'<<score1<<'\t'<<score2<<'\t'<<score3<<endl;
            }
```

```
    };
        int student::sum1=0;
        int student::sum2=0;
        int student::sum3=0;
        int main()
        {
            double (student::*fp)();          //定义成员函数指针
            student s1(1,"Jack",85,92,91);
            student s2(2,"Lisa",81,87,83);
            student s3(3,"Joke",90,83,87);
            student s4(4,"Brenta",64,79,93);
            student s5(5,"Saily",73,67,96);
            cout<<"输出结果\n";
            s1.print();
            s2.print();
            s3.print();
            s4.print();
            s5.print();
            fp=student::avg1;
            cout<<"高等数学平均分："<<(s1.*fp)()<<endl;
            fp=student::avg2;
            cout<<"程序设计基础平均分："<<(s1.*fp)()<<endl;
            fp=student::avg3;
            cout<<"英语平均分："<<(s1.*fp)()<<endl;
            return 0;
        }
```

4. 分析：设计一个 student 类，包含学生的姓名和成绩数据成员以及 setname()、setscore()、getname()和 getscore()成员函数。设计一个 compute 类，包含两个私有数据成员，即学生人数 ns 和 student 类的对象数组 na[]，另有 3 个公有成员函数 getdata()、sort()、display()，它们分别用于获取数据、按成绩排序和输出数据。

参考程序如下：

```
        #include <iostream>
        #include <string>
        using namespace std;
        #define N 10
        class student
        {
            char name[10];
            int score;
            public:
                void setname(char na[]){strcpy(name,na);}
                char *getname(){return name;}
                void setscore(int d){score=d;}
                int getscore(){return score;}
        };
```

```cpp
class compute
{
    int ns;
    student na[N];
    public:
        void getdata();
        void sort();
        void display();
};
void compute::getdata()
{
    int i,tscore;
    char tname[10];
    cout<<"输入学生人数：";
    cin>>ns;
    cout<<"输入学生姓名和成绩：\n";
    for(i=0;i<ns;i++)
    {
        cin>>tname>>tscore;
        na[i].setname(tname);
        na[i].setscore(tscore);
    }
}
void compute::sort()
{
    int i,j;
    student temp;
    for(i=0;i<ns-1;i++)
    {
        int k=i;
        for(j=i+1;j<ns;j++)
            if (na[j].getscore()>na[k].getscore()) k=j;
        temp=na[i];
        na[i]=na[k];
        na[k]=temp;
    }
}
void compute::display()
{
    int cutoff,i;
    cout<<"姓名\t 成绩\t 合格否\n";
    cutoff=ns*7/10-1;
    for(i=0;i<ns;i++)
    {
        cout<<na[i].getname()<<'\t'<<na[i].getscore();
        if (i<=cutoff)
```

```
                cout<<"\tPass\n";
            else
                cout<<"\tFail\n";
        }
    }
    int main()
    {
        compute obj;
        obj.getdata();
        obj.sort();
        obj.display();
        return 0;
    }
```

5. 分析：定义一个结构体 person，包含学生的姓名和出生日期成员。设计一个类 compute，包含一个私有数据成员，即 person 结构体数组 st[]，另有 3 个私有成员函数 daynum()、count_day()、leap()以及 3 个公有成员函数 getdata、sort()、display()，它们分别用于获取数据、按出生日期排序和输出数据，在实现过程中调用前面的 3 个私有成员函数。sort()成员函数是按结构体数组元素的 d 成员排序的，d 存放的是该学生从 1900 年 1 月 1 日到出生日期的天数。

参考程序如下：

```
#include <iostream>
using namespace std;
#define N 5
int count_day(int,int,int,int);
int leap(int);
struct person
{
    char name[10];
    struct dates
    {
        int year;
        int month;
        int day;
    }date;
    int d;
};
class compute
{
    struct person st[N];
    int daynum(int,int,int,int,int,int);
    int count_day(int,int,int,int);
    int leap(int);
public:
    void getdata();
    void sort();
    void display();
```

```cpp
};
int compute::daynum(int s_year,int s_month,int s_day,int e_year,int e_month,int e_day)
{
    int year,day,day1,day2;
    if (s_year<e_year)
    {
        day=count_day(s_year,s_month,s_day,0);
        for(year=s_year+1;year<e_year;year++)
            if (leap(year))
                day+=366;
            else
                day+=365;
                day+=count_day(e_year,e_month,e_day,1);
    }
    else if (s_year==e_year)
    {
        day1=count_day(s_year,s_month,s_day,1);
        day2=count_day(e_year,e_month,e_day,1);
        day=day2-day1;
    }
    else
        day=-1;
    return day;
}
int compute::count_day(int year,int month,int day,int flag)
{
    static int day_tab[2][12]={{31,28,31,30,31,30,31,31,30,31,30,31},
                               {31,29,31,30,31,30,31,31,30,31,30,31}};
    int p,i,s;
    if (leap(year))
        p=1;
    else
        p=0;
    if (flag)
    {
        s=day;
        for(i=1;i<month;i++)
            s+=day_tab[p][i-1];
    }
    else
    {
        s=day_tab[p][month]-day;
        for(i=month+1;i<=12;i++)
            s+=day_tab[p][i-1];
    }
    return s;
```

```
    }
    int compute::leap(int year)
    {
        if (year%4==0&&year%100!=0||year%400==0) return 1;
        else return 0;
    }
    void compute::sort()
    {
        int i,j;
        struct person temp;
        for(i=0;i<N-1;i++)
            for(j=0;j<N-i-1;j++)
            {
                if (st[j].d>st[j+1].d)
                {
                    temp=st[j];
                    st[j]=st[j+1];
                    st[j+1]=temp;
                }
            }
    }
    void compute::getdata()
    {
        int i;
        for(i=0;i<N;i++)
        {
            cout<<"输入第"<<i+1<<"个学生姓名："；
            cin>>st[i].name;
            cout<<"输入第"<<i+1<<"个学生出生日期："；
            cin>>st[i].date.year>>st[i].date.month>>st[i].date.day;
            st[i].d=daynum(1900,1,1,st[i].date.year,st[i].date.month,st[i].date.day);
        }
    }
    void compute::display()
    {
        int i;
        cout<<"姓名\t 出生日期\n";
        for(i=0;i<N;i++)
            cout<<st[i].name<<"\t"<<st[i].date.year<<'.'<<st[i].date.month<<'.'<<st[i].date.day<<endl;
    }

    int main()
    {
        compute object;
        object.getdata();
        object.sort();
```

```
        object.display();
        return 0;
    }
```

6. 参考程序如下：

```cpp
#include <iostream>
#include <conio>
using namespace std;
class toy
{
    float Price,Total;
    int Count;
    public:
    toy(){}
    toy(float p,int c)
    {
        Price=p;
        Count=c;
    }
    void input(float P,int C);
    void compute();
    void display();
};
void toy::input(float P,int C)
{
    Price=P;
    Count=C;
}
void toy::compute()
{
    Total=(float)Price*Count;
}
void toy::display()
{
    cout<<"Price="<<Price<<",Count="<<Count<<",Total="<<Total<<endl;
}
int main()
{
    toy *obj;
    obj=new toy[6];
    obj[0].input(21.5f,113);
    obj[1].input(30.45f,47);
    obj[2].input(7.6f,29);
    obj[3].input(25.0f,110);
    obj[4].input(45.9f,17);
    obj[5].input(85.9f,35);
    for(int i=0;i<6;i++)
```

```
            obj[i].compute();
        for(i=0;i<6;i++)
            obj[i].display();
        delete obj;
        return 0;
    }
```

7. 参考程序如下:

```
#include <iostream>
#include <string>
using namespace std;
const int SIZE=10;
class stack
{
    public:
    stack();
    void push(char ch);              //将数据 ch 压入堆栈
    char pop();                      //将栈顶数据弹出堆栈
    char stack_array[SIZE];          //用于存放堆栈中的数据
    int stack_top;
};
stack::stack()
{stack_top=0;}                        //将堆栈初始化
void stack::push(char ch)
{
    if (stack_top==SIZE)
    {   cout<<"Stack is full.\n";
        return;
    }
    stack_array[stack_top]=ch;
    stack_top++;
}
char stack::pop()
{
    if (stack_top==0)
    {   cout<<"Stack is empty.\n";
        return 0;
    }
    stack_top--;
    return stack_array[stack_top];
}
int main()
{
    int i;
    char str[20],reverse_str[20];
    cout<<"Input a string:";
    cin>>str;
```

```
stack s_string;
for(i=0;i<strlen(str);i++)
        s_string.push(str[i]);
for(i=0;i<strlen(str);i++)
        reverse_str[i]=s_string.pop();
reverse_str[i]='\0';
cout<<"Reverse string:";
cout<<reverse_str;
cout<<'\n';
return 0;
}
```

练习7　重载与模板

一、选择题

1. 下面有关重载的说法中，错误的是（　　）。
   A. 函数重载要求同名函数在参数个数或参数类型上不同
   B. 运算符重载是用同一个运算符针对不同类型数据进行不同的运算操作
   C. 所有的运算符都可以重载
   D. 运算符重载函数通常是类的成员函数和友元函数

2. 类模板的模板参数可用作（　　）。
   A. 数据成员的类型　　　　　　　B. 成员函数的类型
   C. 成员函数的参数　　　　　　　D. 以上均可

3. 重载函数在调用时选择的依据中，错误的是（　　）。
   A. 参数个数　　　B. 参数的类型　　　C. 函数名字　　　D. 函数的类型

4. 在下列运算符中不能重载的是（　　）。
   A. <=　　　　　　B. >>　　　　　　C. ::　　　　　　D. &=

5. 下列关于运算符重载的描述中，正确的是（　　）。
   A. 运算符重载可以改变操作数的个数
   B. 运算符重载可以改变优先级
   C. 运算符重载可以改变结合性
   D. 运算符重载不可以改变语法结构

6. 只能用类运算符重载的是（　　）。
   A. <<　　　　　　B. ( )　　　　　　C. >>　　　　　　D. ++

7. 重载二元运算符@为类X的友元运算符，设有两个对象obj1和obj2，则表达式obj1@obj2被C++编译器解释为（　　）。
   A. obj1.operator@(obj2)　　　　　　B. obj2.operator@(obj1)
   C. operator@(obj1,obj2)　　　　　　D. operator@(obj2)

8. 在下列函数中，能重载运算符的函数是（　　）。
   A. 虚函数　　　B. 构造函数　　　C. 友元函数　　　D. 析构函数

9. 下列关于类运算符和友元运算符的区别，错误的是（　　）。

   A．如果运算符所需的操作数（尤其是第一个操作数）希望进行隐式类型转换，则运算符应该通过友元来重载

   B．如果一个运算符的操作需要修改类对象的状态，则应当使用类运算符

   C．友元运算符比成员运算符少一个参数

   D．C++同时具有类运算符和友元运算符，参数可以使用对象或引用

10. 下列说法中，不正确的是（　　）。

   A．类模板可以从普通类派生，也可以从类模板派生

   B．一个普通基类不能派生模板类

   C．根据建立对象时的实际数据类型，编译器把类模板实例化为模板类

   D．可以从构造函数参数列表推断出模板实例化参数类型

二、填空题

1. 运算符重载函数通常为类的_____函数和_____函数。

2. 双目运算符重载函数为成员函数时，重载函数有_____个参数；双目运算符重载函数为友元函数时，重载函数_____个参数。

3. 一元运算符有自增 "++"、自减 "--" 等，这两个运算符既可前置，又可后置。在一元运算符重载函数时，是通过_____来区分前置还是后置运算符。

4. 模板分为_____模板和_____模板。

5. 函数模板与类模板使用时，函数模板必须_____为模板函数，类模板必须_____为模板类。

6. 运算符可重载类运算符和_____。

7. 重载的运算符保持其原有的_____、优先级和结合性不变。

8. 一个_____允许用户为类定义一种模式，使得类中某些数据成员、成员函数参数和参数类型能取任意数据类型。

9. 运算符[ ]只能用_____运算符重载。

三、阅读程序题

1. 分析以下程序，写出运行结果。

```
#include <iostream>
using namespace std;
class Vector
{    int x,y;
    public:
    Vector() {};
    Vector(int x1,int y1)
    {x=x1;y=y1;}
    Vector operator +(Vector v)
    {
        Vector tmp;
        tmp.x=x+v.x;
```

```
            tmp.y=y+v.y;
            return tmp;
        }
        Vector operator -(Vector v)
        {
            Vector tmp;
            tmp.x=x-v.x;
            tmp.y=y-v.y;
            return tmp;
        }
        void display()
        {
            cout<<"("<<x<<","<<y<<")"<<endl;
        }
};
int main()
{
    Vector v1(7,3),v2(5,4),v3,v4;
    cout<<"v1=";
    v1.display();
    cout<<"v2=";
    v2.display();
    v3=v1+v2;
    cout<<"v3=";
    v3.display();
    v4=v1-v2;
    cout<<"v4=";
    v4.display();
    return 0;
}
```

2. 分析以下程序的执行结果：

```
#include <iostream>
using namespace std;
class coord
{
    int x,y;
    public:
    coord(int x1,int y1)
    {
        x=x1;y=y1;
    }
    int getx()
    {
        return x;
    }
    int gety()
```

```
        {
            return y;
        }
        int operator < (coord & c);
    };
    int coord:: operator < (coord & c)              //定义重载 "<" 运算符
    {
        if   (x<c.x)
            if   (y<c.y)
                return 1;
            return 0;
    }
    template <class obj>                             //函数模板说明
    obj & min(obj & o1,obj & o2);
    int main()
    {
        coord c1(5,11);
        coord c2(6,18);
        coord c3=min(c1,c2);                        //利用重载 "<" 运算符比较 min 中的 coord 对象
        cout << "较小的坐标：(" << c3.getx() <<   "," << c3.gety() << ")" << endl;
        double d1=3.25;
        double d2=2.54;
        cout << "较小的数：" << min(d1,d2) << endl;   //利用 "<" 运算符比较 min 中的 double 对象
        return 0;
    }
    template <class obj>
    obj & min(obj & o1,obj & o2)
    {
        if(o1<o2)   //如果函数被实例化为类类型，则对 "<" 运算符进行重载，否则使用标准 "<" 运算符
            return o1;
        return o2;
    }
```

3. 分析以下程序的执行结果：

```
#include <iostream>
using namespace std;
template <class T>
class array
{
    int size;
    T *aptr;
    public:
    array(int slots=1)
    {
        size=slots;
        aptr=new T[slots];
    }
```

```cpp
        void fill_array();
        void disp_array();
        ~array()
        {
            delete [ ] aptr;
        }
    };
    template <class T>
    void array<T>:: fill_array()
    {
        cout << "(输入" << size << "个数据)" << endl;
        for (int i=0;i <size;i++)
        {
            cout << " 第" << i+1 << "个数据：";
            cin >> aptr[i];
        }
    }
    template <class T>
    void array<T>:: disp_array()
    {
        for (int i=0;i <size;i++)
            cout << aptr[i] << " ";
        cout << endl;
    }
    int main()
    {
        array<char> ac(5);
        cout << "填充一个字符数组";
        ac. fill_array();
        cout << "数组的内容是：";
        ac. disp_array();
        array<double> ad(3);
        cout << "填充一个双精度数组： " << endl;
        ad. fill_array();
        cout << "数组的内容是：";
        ad. disp_array();
        return 0;
    }
```

字符数组（输入 5 个数据）a b c d e。

双精度数组（输入 3 个数据）1.2 5.6 3.1。

4. 分析以下程序的执行结果：

```cpp
#include<iostream>
#include<string>
using namespace std;
class T
{
```

```
        char *p1;
        public:
        T(char *s1="");
        ~T();
        void print()
        {cout<<"p1="<<p1<<endl;}
    };
    T::T(char*s1)
    {
        p1=new char[strlen(s1)+1];
        strcpy(p1,s1);
    }
    T::~T()
    {
        delete[]p1;
    }
    int main()
    {
        T t1("good luck"),t2(t1);
        t1.print();
        t2.print();
        return 0;
    }
```

四、程序填空题

1. 完成以下 max 函数的重载，分别用于求 2 个整数、2 个实数、2 个字符串的最大值。

```
    #include<iostream>
    #include<string>
    using namespace std;
    //求整型数的最大值
    int max(int x,int y)
    {
        return (x>y? x:y);
    }
    //求实数的最大值
    double max (double x,double y)
    {
        return x>y? x:y;
    }
    //求字符串的最大值
    _____①_____
    {
        _____②_____
    }
    int main()
    {
```

```
        cout<<max(10,20)<<endl;
        cout<<max(1.56,1.24)<<endl;
        cout<<max("Candy","Rolla")<<endl;
        return 0;
    }
```

2. 完善下列程序，使之能通过成员函数重载 "=" 完成两个字符串的赋值运算。

```
    #include<iostream>
    #include<string>
    using namespace std;
    class String
    {
        char* str;
    public:
        String(char* p)
        {
            str=new char[strlen(p)+1];
            strcpy(str,p);
        }
        ~String(){delete str;}
        friend ostream& operator<<(ostream& os,String& s)
        {
            os<<s.str<<endl;
            return os;
        }
        _____①_____        //成员函数重载 "=" 运算符
        {
            delete str;
            _____②_____;           //字符串动态分配内存
            strcpy(str,a.str);
            _____③_____;           //返回字符串
        }
    };
    int main()
    {
        String a("first object"),b("second object");
        cout<<"执行赋值语句之前："<<endl;
        cout<<"a="<<a;
        cout<<"b="<<b;
        b=a;
        cout<<"执行赋值语句之后："<<endl;
        cout<<"a="<<a;
        cout<<"b="<<b;
        return 0;
    }
```

3. 以下代码定义了字符串类 String，请完善代码，用友元函数实现 2 个字符串的连接。

```
    #include<iostream>
```

```
#include<string>
using namespace std;
class String
{
    char* str;
    public:
    String(char* p="")
    {str=p;}

    friend ostream& operator<<(ostream&os,String&s)
    {
        os<<s.str<<endl;
        return os;
    }
    _____①_____          //友元函数重载"+"运算符
    {
        char *buf;
        int n;
        n=strlen(a.str)+strlen(b.str)+1;
        if(_____②_____)      //为连接后的字符串动态分配内存
        {
            strcpy(buf,a.str);
            strcat(buf,b.str);
            _____③_____;      //返回连接后的字符串
        }
        else
            return a;          //如果内存分配不成功,则返回第一个字符串
    }
};
int main()
{
    String a("Lion"),b("Tiger"),c("Bear"),x,y;
    x=a+b;
    y=a+b+c;
    cout<<x<<y;
    return 0;
}
```

4. 完善下列程序,使之能测试输入的长度能否构成三角形。

```
#include <iostream>
using namespace std;
class Line
{
    int len;
    public:
    Line(int n)
    { len=n;}
```

```cpp
        Line operator +(Line l)
        {
            _____①_____
            return Line(x);
        }
        bool operator >(Line l)
        {
            _____②_____
        }
};
int main()
{
    Line a(9),b(6),c(14);
    if ( _____③_____ )
        cout<<"能够构成三角形"<<endl;
    else
        cout<<"不能构成三角形"<<endl;
    return 0;
}
```

5．如下程序中的 Triangle 类，包含三角形三条边长和面积的私有数据成员。在 Triangle 类中还设计了一个友元函数 operator+，它重载运算符 "+"，返回两个三角形的面积之和。

```cpp
#include <iostream >
#include <cmath>
using namespace std;
class Triangle
{
    int x,y,z;
    double area;
    public:
        _____①_____        //构造函数计算三角形面积
        {
            double s;
            x=i; y=j; z=k;
            s=(x+y+z)/2.0;
            area=sqrt(s*(s-x)*(s-y)*(s-z));   //面积计算公式
        }
        void disparea()
        {
            cout<<area<<endl;
        }
        friend double operator+(Triangle t1, Triangle t2)
        {
            _____②_____;
        }
};
int main()
```

```
    {
        Triangle t1(3,4,5),t2(4,5,6);
        double s;
        cout<<"t1_Area: "; t1.disparea();
        cout<<"t2_Area: "; t2.disparea();
        s=t1+t2;
        cout<<"(t1+t2)_Area: "<<s<<endl;
        return 0;
    }
```

五、编写程序题

1. 编写一个密码类，其中包含一个 str 密码字符串私有成员数据，以及一个 "==" 运算符重载成员函数，用于比较用户输入的密码是否正确，并用数据测试该类。

2. 设计一个时间类 Time，包括时、分、秒等私有数据成员。要求实现时间的基本运算，如一时间加上另一时间、一时间减去另一时间等。

3. 设计一个函数模板 max<T>，求一个数组中最大的元素，并以整数数组和字符数组进行调用，采用相关数据进行测试。

4. 编写一个使用类模板对数组进行排序、查找和求元素和的程序，并采用相关数据进行测试。

参考答案

一、选择题

1．C　　　2．D　　　3．D　　　4．C　　　5．D　　　6．B　　　7．C　　　8．C

9．B　　　10．D

二、填空题

1．成员，友元　　　　　　　　2．一，两

3．形参 int　　　　　　　　　4．函数，类

5．实例化，实例化　　　　　　6．友元运算符

7．操作数个数　　　　　　　　8．类模板

9．类

三、阅读程序题

1．v1=(7,3)

　　v2=(5,4)

　　v3=(12,7)

　　v4=(2,-1)

2．较小的坐标：(5,11)

较小的数：2.54

3．填充一个字符数组（输入 5 个数据）

    第 1 个数据：a

    第 2 个数据：b

    第 3 个数据：c

    第 4 个数据：d

    第 5 个数据：e

    数组的内容是：a b c d e

    填充一个双精度数组：

    （输入 3 个数据）

    第 1 个数据：1.2

    第 2 个数据：5.6

    第 3 个数据：3.1

    数组的内容是：1.2 5.6 3.1

4．p1=good luck

    p1=good luck

四、程序填空题

1．①char * max(char *x,char *y)　　②return strcmp(x,y)>=0?x:y;

2．①String &operator=(String &a)　　②str=new char[strlen(a.str)+1]

    ③return *this

3．①friend String operator+(const String& a,const String& b)

    ②buf=new char[n]　　③return buf

4．①int x=len+l.len;　　②return (len>l.len)?1:0;　　③a+b>c&&a+c>b&&b+c>a

5．①Triangle(int i,int j,int k)　　②return t1.area+t2.area

五、编写程序题

1．参考程序如下：

```
#include <iostream>
#include <string>
using namespace std;
class Pass
{
    char str[10];
    public:
    Pass() {}
    Pass (char p[])
    {
        strcpy(str,p);
    }
    int operator == (Pass p)          //运算符重载函数
```

```
    {
        return    ((strcmp(str,p.str)==0 )? 1:0);
    }
     void getpass()
    {
        cout<<"输入密码: ";
        cin>>str;
    }
};
int main()
{
    Pass p1("123456"),p2;
    p2.getpass();
    if (p1==p2)                     //调用运算符重载函数
        cout << "输入密码正确!"<<endl;
    else
        cout << "输入密码不正确!"<<endl;
    return 0;
}
```

2. 参考程序如下:

```
#include <iostream>
using namespace std;
class Time
{
    int hour;                       //时数
    int minute;                     //分数
    int second;                     //秒数
    public:
    Time()   {}                     //构造函数
    Time(int h=0, int m=0, int s=0) //重载构造函数
    {
        hour=h;minute=m;second=s;
    }
    void sethour(int h) { hour=h;}
    void setminute(int m) { minute=m;}
    void setsecond(int s) { second=s;}
    int gethour() { return hour;}
    int getminute() {return minute;}
    int getsecond() { return second;}
    Time operator+(Time);
    Time operator-(Time);
    void disp()
    {
        cout << hour << ":" << minute <<":" << second << endl;
    }
};
```

```cpp
Time Time::operator +( Time t)
{
    int carry,hh,mm,ss;
    ss=getsecond()+t.getsecond();
    if (ss>60)
    {
        ss-=60;
        carry=1;                          //秒数大于 60，则需进一位
    }
    else
        carry=0;
    mm=getminute()+t.getminute()+carry;
    if (mm>60)
    {
        mm-=60;
        carry=1;                          //分数大于 60，则需进一位
    }
    else
        carry=0;
    hh=gethour()+t.gethour()+carry;
    if(hh>24)
        hh-=24;
    static Time result(hh,mm,ss);         //构造一个静态对象 result
    return result;
}
Time Time::operator -( Time t)
{
    int borrow,hh,mm,ss;
    ss=getsecond()-t.getsecond();
    if (ss<0)
    {
        ss+=60;
        borrow=1;                         //秒数小于 0，则需从分数借一位
    }
    else
        borrow=1;
    mm=getminute()-t.getminute()-borrow;
    if (mm<0)
    {
        mm+=60;
        borrow=1;                         //分数小于 0，则需从时数借一位
    }
    else
        borrow=0;
    hh=gethour()-t.gethour()-borrow;
    if (hh<0)
```

```
            hh+=24;
            static Time result(hh,mm,ss);          //构造一个静态对象 result
            return result;
        }
        int main()
        {
            Time now(2,24,39);
            Time start(17,55);
            Time t1=now-start,t2=now+start;
            cout    << "时间 1：";now.disp();
            cout    << "时间 2：";start.disp();
            cout    << "相差："; t1.disp();
            cout    << "相加："; t2.disp();
            return 0;
        }
```

3．参考程序如下：

```
        #include <iostream>
        using namespace std;
        template <class T>
        T max (T a[], int n)
        {
            T temp=a[0];
            for (int i=1;i<n;i++)
              if (temp<a[i])
                  temp<a[i];
            return temp;
        }
        int main()
        {
            int a[]={6,2,5,8,7};
            char b[]={'g','a','d','c','b'};
            cout << "a 中最大值：" << max(a,5) << endl;
            cout << "b 中最大值：" << max(a,5) << endl;
            return 0;
        }
```

4．参考程序如下：

```
        #include <iostream>
        #include <iomanip>
        using namespace std;
        template <class T>
        class Array
        {
            T *set;
            int n;
            public:
            Array(T *data,int i) {set=data;n=i;}
```

```
        ~Array() {}
        void sort();                    //排序
        int seek(T key);                //查找指定的元素
        T sum();                        //求和
        void disp();                    //显示所有元素
};
template <class T>
void Array<T>::sort()                   //采用冒泡排序法排序
{
    int i,j;
    T temp;
    for (i=1;i<n;i++)
        for (j=n-1;j>=i;j--)
            if (set[j-1]>set[j])
            {
                temp=set[j-1];set[j-1]=set[j];set[j]=temp;
            }
}
template <class T>
int Array<T>::seek(T key)               //采用顺序查找法查找元素
{
    int i;
    for (i=0;i<n;i++)
        if (set[i]==key)
            return i;
    return -1;
}
template <class T>
T Array<T>::sum()
{
    T s=0;int i;
    for (i=0;i<n;i++)
        s+=set[i];
    return s;
}
template <class T>
void Array<T>::disp()                   //输出数组元素
{
    int i;
    for (i=0;i<n;i++)
        cout << set[i] << " ";
    cout << endl;
}
int main()
{
    int a[ ]={6,3,8,1,9,4,7,5,2};
```

```
        double b[ ] ={2.3,6.1,1.5,8.4,6.7,3.8};
        Array<int> arr1(a,9);
        Array<double> arr2(b,6);
        cout << "数组 1： " << endl;
        cout <<"原序列：";arr1.disp();
        cout <<"元素之和： " << arr1.sum() <<endl;
        cout <<"8 在 arr1 中的位置： " << arr1.seek(8) << endl;
        arr1.sort();
        cout <<"排序后：";arr1.disp();
        cout <<"数组 2： " << endl;
        cout <<"原序列：";arr2.disp();
        cout <<"元素之和： " << arr2.sum() <<endl;
        cout <<"8.4 在 arr2 中的位置： " << arr2.seek(8.4) << endl;
        arr2.sort();
        cout <<"排序后：";arr2.disp();
        return 0;
    }
```

练习 8　继承与派生

一、选择题

1．以下对派生类叙述不正确的是（　　）。
  A．一个派生类可以作另一个派生类的基类
  B．一个派生类可以有多个基类
  C．具有继承关系时，基类成员在派生类中的访问权限不变
  D．派生类的构造函数与基类的构造函数有成员初始化参数传递关系

2．若要用派生类的对象访问基类的保护成员，以下观点正确的是（　　）。
  A．不可能实现　　　　　　　　B．可采用保护继承
  C．可采用私有继承　　　　　　D．可采用公有继承

3．以下关于私有和保护成员的叙述中，不正确的是（　　）。
  A．私有成员不能被外界引用，保护成员可以
  B．私有成员不能被派生类引用，保护成员在公有继承下可以
  C．私有成员不能被派生类引用，保护成员在保护继承下可以
  D．私有成员不能被派生类引用，保护成员在私有继承下可以

4．以下关于派生机制的描述中，不正确的是（　　）
  A．派生类不仅可以继承基类的成员，也可以添加自己的成员
  B．设置 protected 成员是为派生类访问基类成员之用
  C．采用不同的继承方式，将限制派生类对基类成员的访问
  D．采用私有继承，派生类只能得到基类的公有成员

二、填空题

1．继承发生在利用现有类派生新类时，其中_____称为基类，或_____类；其中_____称为派生类，或_____类。

2．派生类的声明中，派生存取说明符可以省略，这时默认为_____。

3．由保护派生得到的派生类，它从基类继承的公有和保护成员都将变为派生类的_____。

4．从多个基类中派生出新的子类，这种派生方法称为_____。

5．生成一个派生类对象时，先调用_____的构造函数，然后调用_____的构造函数。

6．在公有继承关系下，派生类的对象可以访问基类中的_____成员，派生类的成员函数可以访问基类中的_____成员。

7．在保护继承关系下，基类的公有成员和保护成员将成为派生类中的_____成员，它们只能由派生类的_____来访问；基类的私有成员将成为派生类中的_____成员。

8．在私有继承关系下，基类的公有成员和保护成员将成为派生类中的_____成员，它们只能由派生类的_____来访问；基类的私有成员将成为派生类中的_____成员。

三、阅读程序题

1.
```cpp
#include <iostream>
using namespace std;
class base
{
    public:
    base(){cout<<"constructing base class"<<endl;}
    ~base(){cout<<"destructing base class"<<endl; }
};
class subs:public base
{
    public:
    subs(){cout<<"constructing sub class"<<endl;}
    ~subs(){cout<<"destructing sub class"<<endl;} };
int main()
{
    subs s;
    return 0;
}
```

2.
```cpp
#include <iostream>
using namespace std;
class A
{
    public:
    A(char *s) { cout << s << endl; }
```

```
            ~A() {}
        };
        class B:public A
        {
            public:
            B(char *sl,char *s2) :A(sl)
            {
            cout << s2 << endl;
            }
        };
        class C:public A
        {
            public:
            C(char *sl,char *s2) :A(sl)
            {
            cout << s2 << endl;
            }
        };
        class D:public B,public C
        {
            public:
            D(char *sl,char *s2,char *s3,char *s4) :B(sl,s2),C(sl, s3)
            {
                cout << s4 << endl;
            }
        };
        int main()
        {
            D d("class A","class B","class C","class D");
            return 0;
        }
3.  #include <iostream>
    using namespace std;
    class base
    {
        int n;
        public:
        base (int a)
        {
            cout << "constructing base class" << endl;
            n=a;
            cout << "n=" << n << endl;
        }
        ~base() { cout << "destructing base class" << endl; }
    };
    class subs : public base
```

```
{
    int m;
    public:
    subs(int a, int b) : base(a)
    {
    cout << "constructing sub class" << endl;
    m=b;
    cout << "m=" << m << endl;
    }
    ~subs() { cout << "destructing sub class" << endl; }
};
int main()
{
    subs s(1,2);
    return 0;
}
```

参考答案

一、选择题

1．C　　2．A　　3．A　　4．D

二、填空题

1．被继承的类，父，新类，子　　　　2．private

3．保护成员　　　　　　　　　　　　4．多重继承

5．基类，派生类　　　　　　　　　　6．公有，公有和保护

7．保护，成员函数，不可访问　　　　8．私有，成员函数，不可访问

三、阅读程序题

1．　constructing base class
　　constructing sub class
　　destructing sub class
　　destructing base class

2．　class A
　　class B
　　class A
　　class C
　　class D

3．　constructing base class
　　n=1
　　constructing sub class
　　m=2

destructing sub class
destructing base class

练习 9　多态性与虚函数

一、选择题

1. 关于虚函数的描述中，（　　）是正确的。
   A．虚函数是一个静态成员函数
   B．虚函数是一个非成员函数
   C．虚函数既可以在函数说明时定义，也可以在函数实现时定义
   D．派生类的虚函数与基类中对应的虚函数具有相同的参数个数和类型
2. C++类体系中，不能被派生类继承的有（　　）。
   A．构造函数　　　B．虚函数　　　　C．静态成员函数　　D．赋值操作函数
3. 下列虚基类的声明中，正确的是（　　）。
   A．class virtual B:public A　　　　B．virtual class B:public A
   C．class B:public A virtual　　　　D．class B: virtual public A
4. 下列关于动态联编的描述中，错误的是（　　）。
   A．动态联编是以虚函数为基础的
   B．动态联编是运行时才确定所调用的函数代码的
   C．动态联编调用函数操作是指向对象的指针或对象引用
   D．动态联编是在编译时确定操作函数的
5. 下面 4 个选项中，（　　）是用来声明虚函数的。
   A．virtual　　　　B．public　　　　C．using　　　　D．false
6. 编译时的多态性可以通过使用（　　）获得。
   A．虚函数和指针　　B．重载函数　　C．虚函数和对象　　D．虚函数和引用
7. 关于纯虚函数和抽象类的描述中，错误的是（　　）。
   A．纯虚函数是一种特殊的虚函数，它没有具体的实现
   B．抽象类是指具有纯虚函数的类
   C．一个基类中说明有纯虚函数，该基类派生类一定不再是抽象类
   D．抽象类只能作为基类来使用，其纯虚函数的实现由派生类给出
8. 下列描述中，（　　）是抽象类的特征。
   A．可以说明虚函数　　　　　　　B．可以进行构造函数重载
   C．可以定义友元函数　　　　　　D．不能生成其对象
9. 以下（　　）成员函数表示虚函数。
   A．virtual int vf(int);　　　　　B．void vf(int)=0;
   C．virtual void vf()=0;　　　　　D．virtual void vf(int) { };
10. 如果一个类至少有一个纯虚函数，那么就称该类为（　　）。
    A．抽象类　　　B．虚函数　　　C．派生类　　　D．以上都不对

二、阅读程序题

1.
```cpp
#include <iostream>
using namespace std;
class A
{
    public:
    virtual void a()
    { cout<<"A::a( )"<<endl;}
    void b()
    {cout<<"A::b( )"<<endl;}
};
class B:public A
{
    public:
    virtual void a()
        { cout<<"B::a( )"<<endl;}
    void b()
        {cout<<"B::b( )"<<endl;}
};
class C:public B
{
    public:
    virtual void a()
    { cout<<"C::a( )"<<endl;}
    void b()
    { cout<<"C::b( )"<<endl;}
};
int main()
{
    A *p1;
    B b1;
    C c1;
    p1=&b1;
    p1->a();
    p1->b();
    p1=&c1;
    p1->a();
    p1->b();
    return 0;
}
```

2.
```cpp
#include <iostream>
using namespace std;
class point
{
    private:
```

```cpp
    int x,y;
    public:
    point(int xx=0,int yy=0)
    {   x=xx; y=yy;   }
    int getx()
    {   return x;   }
    int gety()
    {   return y;   }
    point operator+(point p);
};
point point:: operator+(point p)
{
    point temp;
    temp.x=x+p.x;
    temp.y=y+p.y;
    return temp;
}
int main()
{
    point ob1(1,2),ob2(3,4),ob3,ob4;
    ob3=ob1+ob2;
    ob4=ob1.operator+(ob2);
    cout<<"ob3.x="<<ob3.getx()<<"      ob3.y="<<ob3.gety()<<endl;
    cout<<"ob4.x="<<ob4.getx()<<"      ob4.y="<<ob4.gety()<<endl;
    return 0;
}
```

3.
```cpp
#include <iostream>
using namespace std;
class base
{
    private:
    int x,y;
    public:
    base(int xx=0,int yy=0)
    {   x=xx; y=yy;   }
    virtual void disp()
    {   cout<<"base: "<<x<<"      "<<y<<endl;   }
};
class base1:public base
{
    private:
    int z;
    public:
    base1(int xx,int yy,int zz):base(xx,yy)
    {   z=zz;   }
    void disp()
```

```
        { cout<<"base1:"<<z<<endl;    }
    };
    int main()
    {
        base obj(3,4),*objp;
        base1 obj1(1,2,5);
        objp=&obj;
        objp->disp();
        objp=&obj1;
        objp->disp();
        return 0;
    }
```

4.
```
    #include<iostream>
    using namespace std;
    class Object{
        public:
        Object(){cout<<"constructor Object\n";}
        virtual ~Object(){cout<<"deconstructor Object\n";}
    };
    class Bclass1{
        public:
        Bclass1(){cout<<"constructor Bclass1\n";}
        ~Bclass1(){cout<<"deconstructor Bclass1\n";}
    };
    class Bclass2{
        public:
        Bclass2(){cout<<"constructor Bclass2\n";}
        ~Bclass2(){cout<<"deconstructor Bclass2\n";}
    };
    class Bclass3{
        public:
        Bclass3(){cout<<"constructor Bclass3\n";}
        ~Bclass3(){cout<<"deconstructor Bclass3\n";}
    };
    class Dclass:public Bclass1,virtual Bclass3,virtual Bclass2{
        Object object;
        public:
        Dclass():object(),Bclass2(),Bclass3(),Bclass1(){cout<<"派生类建立!\n";}
        ~Dclass(){cout<<"派生类析构!\n";}
    };
    int main(){
        Dclass dd;
        cout<<"主程序运行!\n";
        return 0;
    }
```

5. #include <iostream>

```cpp
using namespace std;
class animal
{
    public:
    void eat()
    {
        cout<<"animal eat"<<endl;
    }
    void sleep()
    {
        cout<<"animal sleep"<<endl;
    }
    virtual void breathe()
    {
        cout<<"animal breathe"<<endl;
    }
};
class fish:public animal
{
    public:
    void breathe()
    {
        cout<<"fish bubble"<<endl;
    }
};
void fn(animal *pAn)
{
    pAn->breathe();
}
int main()
{
    animal *pAn;
    fish fh;
    pAn=&fh;
    fn(pAn);
    return 0;
}
```

三、编写程序题

1．设计一个类层次结构，基类 CPerson 描述一般的人，具有姓名、性别、年龄等属性及获取和设置这些属性的方法（函数）。两个子类分别为 CStudent 和 CTeacher，CStudent 类中增加学号、总成绩属性及相应的方法；CTeacher 类中增加工资、授课名称（一门课）及相应的方法。以上各类都有一个共同的 print 方法，输出该对象的相关信息。为各类添加构造函数及其他必要的函数并编写 main 函数进行验证。

2．声明一个 CShape 抽象类，在此基础上派生出 CRectangle 和 CCircle 类，二者都由

GetArea()函数计算对象的面积，GetPerim()函数计算对象的周长。

3．应用抽象类，求圆、圆内接正方形和圆外切正方形的面积和周长。

4．矩形法（rectangle）积分近似计算公式为

$$\int_a^b f(x)dx \approx \Delta x(y_0 + y_1 + \cdots + y_{n-1})$$

梯形法（ladder）积分近似计算公式为

$$\int_a^b f(x)dx \approx \frac{\Delta x}{2}[y_0 + 2(y_1 + \cdots + y_{n-1}) + y_n]$$

被积函数用派生类引入，被积函数定义为纯虚函数。

基类（integer）成员数据包括：积分上下限 b 和 a；分区数 n；步长 step=(b-a)/n，积分值 result。定义积分函数 integerate()为虚函数，它只显示提示信息。派生的矩形法类（rectangle）重定义 integerate()，采用矩形法作积分运算。派生的梯形法类（ladder）类似。

请编程，用两种方法对下列被积函数计算定积分。

（1）cos(x)，下限为 0.0 和上限为π/2；

（2）exp(x*x)，下限为 0.0 和上限为 1.0；

（3）1.0/(1+x*x*x)，下限为 0.0 和上限为 1.0。

5．利用虚函数实现的多态性来求四种几何图形的面积之和。这四种几何图形是：三角形、矩形、正方形和圆。几何图形的类型可以通过构造函数或成员函数来设置。

参考答案

一、选择题

1．D   2．A   3．D   4．D   5．A   6．B   7．C   8．D
9．D   10．A

二、阅读程序题

1．B::a( )
   A::b( )
   C::a( )
   A::b( )
2．ob3.x=4   ob3.y=6
   ob4.x=4   ob4.y=6
3．base: 3   4
   base1: 5
4．Constructor Object
   Constructor Bclass1
   Constructor Object
   派生类建立!

主程序运行!

派生类析构!

deconstructor Object

deconstructor Bclass1

deconstructor Object

5．fish bubble

三、编写程序题

1．参考程序如下：

```
#include<iostream>
#include<string>
using namespace std;
class CPerson{
    protected:
    string name;                        //姓名
    string sex;
    int age;
    public:
    CPerson(string="",string="",int=0);
    CPerson(CPerson &);                 //复制构造函数
    string get_name(){return name;}
    string get_sex(){return sex;}
    double get_age(){return age;}
    virtual void print() {cout<<"The persons name:"<<get_name()<<endl;}
};
CPerson::CPerson(string nn,string ss,int aa){
    name=nn;
    sex = ss;
    age = aa;
}
CPerson::CPerson(CPerson &person)
{   name=person.name;
    sex=person.sex;
    age=person.age;
}
class CTeacher:public CPerson
{   protected:
    double salary;
    string course_name;
    public:
    CTeacher(string="",string="",int=0,double=0.0,string="");
    CTeacher(CTeacher &);
    double get_salary(){return salary;}
    string get_course(){return    course_name;}
    void print(){ cout<<"The teacher's name:"<<get_name()<<endl;
```

```
                              cout<<"salary:"<<get_salary()<<endl;
                              cout<<"course_name:"<<get_course()<<endl;}
};
CTeacher::CTeacher(string nn,string ss, int aa,double sal,string course):CPerson(nn,ss,aa){
     salary=sal;
     course_name=course;
}
CTeacher::CTeacher(CTeacher &teacher):CPerson(teacher){        //复制构造函数
     salary=teacher.salary;
     course_name=teacher.course_name;
}
class CStudent:public CPerson
{    protected:
     int id;
     double score;
     public:
     CStudent(string="",string="",int=0,int=0,double=0.0);
     CStudent(CStudent &);
     int get_id(){return id;}
     double get_score(){return score;}
     void print(){ cout<<"The student's name:"<<get_name()<<endl;
                   cout<<"The student's id:"<<get_id()<<endl;
                   cout<<"The student's score:"<<get_score()<<endl;}
};
CStudent::CStudent(string nn,string ss,int aa,int ii,double sc):CPerson(nn,ss,aa){
     id=ii;
     score=sc;
}
CStudent::CStudent(CStudent &stu):CPerson(stu)                //复制构造函数
{    id=stu.id;
     score=stu.score;}
int main(){
     CPerson person1("Zhang san","Male",19);
     CTeacher teacher1("Lisi","Female",36,2000,"Computer");
     CStudent student1("Wangwu","Male",18,10001,651);
     CPerson *p1;
     p1=&person1;
     p1->print();
     p1=&teacher1;
     p1->print();
     p1=&student1;
     p1->print();
     return 0;
}
```

2. 参考程序如下：

```cpp
#include <iostream>
using namespace std;
class CShape{
    public:
    virtual double GetArea() const {return 0.0;}       //定义为虚函数，允许后面覆盖
    virtual double GetPerim() const {return 0.0;}       //定义为虚函数，允许后面覆盖
};
class CCircle:public CShape
{   public:
    CCircle(double r=0.0);
    void setRadius(double) ;
    double getRadius() const;
    virtual double GetArea() const;
    virtual double GetPerim() const;
    private:
    double radius;
};
CCircle::CCircle(double r)
    { setRadius(r); }
void CCircle::setRadius(double r)
    { radius=r>0?r:0; }
double CCircle::getRadius() const
    {return radius;}
double CCircle::GetArea() const
    {return 3.1415926*radius*radius;}
double CCircle::GetPerim() const
    {return 2*3.1415926*radius;}
class CRectangle:public CShape
{   public:
    CRectangle(double width=0.0,double height=0.0);
    void setWidth(double);
    double getWidth();
    void setHeight(double);
    double getHeight();
    virtual double GetArea() const;
    virtual double GetPerim() const;
    private:
    double width;
    double height;
};
CRectangle::CRectangle(double w,double h)
{   setWidth(w);
    setHeight(h);}
void CRectangle::setWidth(double w)
{   width=w>0?w:0;}
```

```
      void CRectangle::setHeight(double h)
      {    height=h>0?h:0;}
      double CRectangle::getWidth()
      {    return width;}
      double CRectangle::getHeight()
      {    return height;}

      double CRectangle::GetArea() const
      {    return width*height;}
      double CRectangle::GetPerim() const
      {    return 2*(width+height);}
      int main()
      {    CCircle circle(4.5);                          //定义 circle 对象并初始化
           CRectangle rectangle(12,3.5);                 //定义 rectangle 对象并初始化
           cout<<"The circle's area is:"<<circle.GetArea()<<endl;
           cout<<"The circle's perimeter is:"<<circle.GetPerim()<<endl;
           cout<<"The rectangle's area is:"<<rectangle.GetArea()<<endl;
           cout<<"The rectangle's perimeter is:"<<rectangle.GetPerim()<<endl;
           return 0;

      }
```

3．参考程序如下：

```
      #include <iostream>
      #include <cmath>
      using namespace std;
      class CShape{                                //定义为一个抽象类，即一个图形接口
           public:
           virtual double GetArea()=0;             //定义为纯虚函数
           virtual double GetPerim()=0;            //定义为纯虚函数
      };
      class CCircle:public CShape
      {
           public:
           CCircle(double r=0.0);
           void setRadius(double) ;
           double getRadius() const;
           virtual double GetArea() ;
           virtual double GetPerim();
           private:
           double radius;
      };

      CCircle::CCircle(double r)
           { setRadius(r); }

      void CCircle::setRadius(double r)
           { radius=r>0?r:0; }
```

```
double CCircle::getRadius() const
    {return radius;}

double CCircle::GetArea()
    {return 3.1415926*radius*radius;}
double CCircle::GetPerim()
    {return 2*3.1415926*radius;}

class CIn_Square:public CCircle
{
    public:
    CIn_Square(double r=0);
    virtual double GetArea();
    virtual double GetPerim();
    private:
    double radius;
};

CIn_Square::CIn_Square(double r)
{
    radius=r;
}

double CIn_Square::GetArea()
{
    return 2*radius*radius;              //半径为 radius 的圆内接正方形的面积
}
double CIn_Square::GetPerim()
{   return 4*sqrt(2)*radius;}            //半径为 radius 的圆内接正方形的周长
class COut_Square:public CCircle
{
    public:
    COut_Square(double r=0);
    virtual double GetArea();
    virtual double GetPerim();
    private:
    double radius;
};
COut_Square::COut_Square(double r)
{
    radius=r;
}
double COut_Square::GetArea()
{
 return 4*radius*radius;                 //半径为 radius 的圆外切正方形的面积
}
```

```
double COut_Square::GetPerim()
{   return 8*radius;}                    //半径为 radius 的圆外切正方形的周长
int main()
{
    CShape *p;
    CCircle circle(12);                  //定义 circle 对象并初始化
    CIn_Square In_Square(12);            //定义半径为 12 的圆内接正方形 In_Square 对象
    COut_Square Out_Square(12);          //定义半径为 12 的圆外切正方形 Out_Square 对象
    p=&circle;
    cout<<"The circle's area is:"<<p->GetArea()<<endl;
    cout<<"The circle's perimeter is:"<<p->GetPerim()<<endl;
    p=&In_Square;
    cout<<"The In_Square's area is:"<<p->GetArea()<<endl;
    cout<<"The In_Square's perimeter is:"<<p->GetPerim()<<endl;
    p=&Out_Square;
    cout<<"The Out_Square's area is:"<<p->GetArea()<<endl;
    cout<<"The Out_Square's perimeter is:"<<p->GetPerim()<<endl;
    return 0;
}
```

4．参考程序如下：

```
#include<iostream>
#include<cmath>
using namespace std;
class Base{
    protected:
    double result,a,b,step;              //result 为积分值，a 为积分下限，b 为积分上限
    int n;
    public:
    virtual double fun(double x)=0;      //被积函数声明为纯虚函数
    virtual void Integerate(){
        cout<<"这里是积分函数"<<endl;
    }
    Base(double ra=0,double rb=0,int nn=2000){
        a=ra;
        b=rb;
        n=nn;
        result=0;
    }
    void Print(){
        cout.precision(15);
        cout<<"积分值="<<result<<endl;
    }
};
class Rectangle:public Base{
    public:
    void Integerate(){
```

```
            int i;
            step=(b-a)/n;
            for(i=0;i<=n;i++) result+=fun(a+step*i);
            result*=step;
        }
        Rectangle(double ra,double rb,int nn):Base(ra,rb,nn){}
};
class Ladder:public Base{
    public:
    void Integerate(){
        int i;
        step=(b-a)/n;
        result=fun(a)+fun(b);
        for(i=1;i<n;i++) result+=2*fun(a+step*i);
        result*=step/2;
    }
    Ladder(double ra,double rb,int nn):Base(ra,rb,nn){}
};

class cosR:public Rectangle{          //矩形法和梯形法采用并列结构
    public:
    cosR(double ra,double rb,int nn):Rectangle(ra,rb,nn){}
    double fun(double x){return cos(x);}
};
class cosL:public Ladder{
    public:
    cosL(double ra,double rb,int nn):Ladder(ra,rb,nn){}
    double fun(double x){return cos(x);}
};
class expR:public Rectangle{
    public:
    expR(double ra,double rb,int nn):Rectangle(ra,rb,nn){}
    double fun(double x){return exp(x*x);}
};
class expL:public Ladder{
    public:
    expL(double ra,double rb,int nn):Ladder(ra,rb,nn){}
    double fun(double x){return exp(x*x);}
};
class otherR:public Rectangle{
    public:
    otherR(double ra,double rb,int nn):Rectangle(ra,rb,nn){}
    double fun(double x){return (1.0/(1+x*x*x));}
};
class otherL:public Ladder{
    public:
```

```
        otherL(double ra,double rb,int nn):Ladder(ra,rb,nn){}
        double fun(double x){return (1.0/(1+x*x*x));}
    };
    int main(){
        Base *bp;
        cosR sr(0.0,3.1415926535/2.0,100);
        bp=&sr;
        bp->Integerate();                        //动态，可以访问派生类定义的被积函数
        bp->Print();
        cosL sl(0.0,3.1415926535/2.0,100);
        bp=&sl;
        bp->Integerate();
        bp->Print();
        expR er(0.0,1.0,100);
        bp=&er;
        bp->Integerate();
        bp->Print();
        expL el(0.0,1.0,100);
        bp=&el;
        bp->Integerate();
        bp->Print();
        otherR or(0.0,1.0,100);
        bp=&or;
        bp->Integerate();
        bp->Print();
        otherL ol(0.0,1.0,100);                  //增加到 100000 也达不到辛普生法的精度
        bp=&ol;
        bp->Integerate();
        bp->Print();
        return 0;
    }
```

5. 参考程序如下：

```
    #include <iostream>
    #include <string>
    using namespace std;
    class Shape
    {    public:
        virtual float Area(void) =0;                //虚函数
        virtual void   Setdata(float,float=0)=0;    //虚函数
    };
    class Triangle:public Shape
    {    float W,H;                                 //三角形边长为 W，高为 H
        public:
        Triangle(float w=0,float h=0)    {W=w;H=h; }
        float Area(void)        { return W*H/2; }   //定义虚函数
        void Setdata(float w,float h=0)     {W=w;H=h; }  //定义虚函数
```

```
};
class Rectangle:public Shape
{    float W,H;                                        //矩形边长为 W，高为 H
     public:
     Rectangle(float w=0,float h=0){W=w;H=h; }
     float Area(void)              {return W*H; }      //定义虚函数
     void Setdata(float w,float h=0)     {W=w;H=h;}    //定义虚函数
};
class Square:public Shape
{    float S;                                          //正方形边长 S
     public:
     Square(float a=0)      {S=a; }
     float Area(void)         {return S*S/2; }         //定义虚函数
     void Setdata(float w,float h=0)     {S=w; }       //定义虚函数
};
class Circle:public Shape
{    float R;                                          //圆的半径为 R
     public:
     Circle(float r=0)      {R=r; }
     float Area(void)
         {return (float)3.1415926*R*R; }               //定义虚函数
     void Setdata(float w,float h=0)     {R=w; }       //定义虚函数
};
class Compute
{    Shape **s;                                        //指向基类的指针数组
     public:
     Compute()
         { s= new Shape *[4];                          //给几何图形设置参数
           s[0] = new Triangle(3,4);
           s[1] = new Rectangle(6,8);
           s[2] = new Square(6.5);
           s[3] = new Circle(5.5);
         }
         float SumArea(void ) ;
         ~Compute();
         void    Setdata(int n, float a,float b=0)     //A
         {s[n]->Setdata(a,b); }                        //B
};
Compute::~Compute()                                    //释放动态分配的存储空间
{for(int i= 0; i<4; i++)         delete s[i];
 delete [ ] s;
}
float    Compute::SumArea(void )
{    float sum =0;
     for( int i =0; i< 4; i++)
        sum += s[i]->Area();                           //通过基类指针实现多态性
```

```
        return sum;
    }
    int main()
    {   Compute a;
        cout<<"四种几何图形的面积="<<a.SumArea()<<'\n';
        a.Setdata(2,10);                              //设置正方形的边长
        cout<<"四种几何图形的面积="<<a.SumArea()<<'\n';
        a.Setdata(0,10,12);                           //设置三角形的边长和高
        cout<<"四种几何图形的面积="<<a.SumArea()<<'\n';
        a.Setdata(1,2,5);                             //设置矩形的长和宽
        cout<<"四种几何图形的面积="<<a.SumArea()<<'\n';
        a.Setdata(3,15.5);                            //设置圆的半径
        cout<<"四种几何图形的面积="<<a.SumArea()<<'\n';
        return 0;
    }
```

练习 10　输入/输出流

一、选择题

1. 下面关于 C++流的叙述中，正确的是（　　）。
   A．cin 是一个输入流对象
   B．可以用 ifstream 定义一个输出流对象
   C．执行语句序列 char *y="Happy　new　year"; cout<<y;时，输出为：Happy
   D．执行语句序列 char x[80]; cin.getline(x,80);时，若输入
   　　Happy　new　year
   则 x 中的字符串是"Happy"。

2. 使用 setw()对数据进行格式输出时，应包含（　　）文件。
   A．iostream.h   B．fstream.h
   C．iomanip.h   D．stdlib.h

3. 在 ios 中提供控制的标志中，（　　）是转换为十六进制形成的标志位。
   A．hex   B．oct   C．dec   D．left

4. 下列输出字符 d 的方法中，（　　）是错误的。
   A．cout<<put('d');   B．cout<<'d';
   C．cout.put('d');   D．char a='d'; cout<<a;

5. 运行下列程序，结果为（　　）。
   ```
   #include <iostream>
   using namespace std;
   int main( )
   {
       cout.width(6);
       cout.fill('*');
   ```

```
        cout << 'a'<<1 << endl;
        return 0;
    }
```
A．*****a*****1　　B．*****a1　　　　C．a*****1*****　　　D．a*****1

6．当使用 ifstream 流类定义一个流对象并打开一个磁盘文件时，文件的隐含打开方式为（　　）。

A．ios::in

B．ios::out

C．ios::in | ios::out

D．没有

7．当需要打开 A 盘上的 xxk.dat 文件用于输入时，则定义文件流对象的语句为（　　）。

A．fstream fin("A:\\xxk.dat");

B．ofstream fin("A:\\xxk.dat");

C．ifstream fin("A:\\xxk.dat", ios::app);

D．ifstream fin("A:\\xxk.dat", ios::nocreate);

8．语句 ofstream f("SALARY.DAT",ios::app)的功能是建立流对象 f，并试图打开文件 SALARY.DAT 与 f 关联，而且（　　）。

A．若文件存在，将其置为空文件；若文件不存在，打开失败

B．若文件存在，将文件指针定位于文件尾；若文件不存在，建立一个新文件

C．若文件存在，将文件指针定位于文件首；若文件不存在，打开失败

D．若文件存在，打开失败；若文件不存在，建立一个新文件

9．进行文件操作时，需要包含（　　）文件。

A．iostream.h　　　B．fstream.h　　　C．stdio.h　　　　D．math.h

10．下列关于 read(char *buf,int size)函数的描述中，（　　）是对的。

A．函数只能从键盘输入中获取字符串

B．函数所获取的字符多少是不受限制的

C．该函数只能用于文本文件的操作中

D．该函数只能按规定读取指定的字符数

11．若磁盘上已存在某个文本文件，它的全路径文件名为 d:\kaoshi\test.txt，则下列语句中不能打开这个文件的是（　　）。

A．ifstream file("d:\kaoshi\test.txt");

B．ifstream file("d:\\kaoshi\\test.txt");

C．ifstream file;file.open("d:\\kaoshi\\test.txt");

D．ifstream *pFile=new ifstream("d:\kaoshi\\test.txt");

12．cout 是 I/O 流库预定义的（　　）。

A．类　　　　B．对象　　　　C．包含文件　　　D．常量

13．以下关于文件操作的叙述中，不正确的是（　　）。

A．打开文件的目的是使文件对象与磁盘文件建立联系

B．文件读写过程中，程序将直接与磁盘文件进行数据交换

C．关闭文件的目的之一是保证将输出的数据写入硬盘文件

D．关闭文件的目的之一是释放内存中的文件对象

14．若有语句

```
char str[20]; cin>>str;
```

当输入为：

This is a C++ program

时，str 所得结果是（　　）。

A．This is a C++ program
B．This
C．This is
D．This is a C

二、填空题

1．在 C++中"流"是表示_____。从流中取得数据称为_____，用符号_____表示；向流中添加数据称为_____，用符号_____表示。

2．类_____是所有基本流类的基类，它有一个保护访问限制的指针指向类_____，其作用是管理一个流的_____。C++流类库定义的 cin、cout、cerr 和 clog 是_____。cin 通过重载_____执行输入，而 cout、cerr 和 clog 通过重载_____执行输出。

3．C++在类 ios 中定义了输入/输出格式控制符，它是一个_____。该类型中的每一个量对应两个字节数据的一位，每一个位代表一种控制，如要取多种控制时可用_____运算符来合成。

4．采用输入/输出格式控制符，其中有参数的，必须要求包含_____头文件。

5．C++根据文件内容的数据格式可分为_____和_____两类，前者存取的最小信息单位为_____，后者存取的最小信息单位为_____。

6．C++把每一个文件都看成一个_____流，并以_____结束。对文件读写实际上受到_____指针的控制，输入流的指针也称为_____，每一次提取从该指针所指位置开始。输出流的指针也称为_____，每一次插入也从该指针所指位置开始。每次操作后自动将指针向文件尾移动。如果能任意向前向后移动该指针，则可实现_____。

7．成员函数_____和_____被用于设置和恢复格式状态标志。

8．对文本文件的 I/O 操作使用_____和_____操作符、_____和_____成员函数以及 getline 成员函数完成；对二进制文件的 I/O 操作使用_____和_____成员函数来完成。

9．在 C++中，打开一个文件就是将一个文件与一个_____建立关联；关闭一个文件就是取消这种关联。

三、阅读程序题

```
1.    #include <iostream>
      #include <iomanip>
      using namespace std;
      int main(){
          cout.setf(ios::fixed);
          cout.precision(3);
          cout.fill('*');
          cout<<setw(8)<<12.345;
```

```
         cout<<setw(10)<<34.567<<endl ;
     return 0;
     }
2.   #include <iostream>
     using namespace std;
     int main()
     {   int n=0;
         char ch;
         cout<<"input:";
         while((ch=cin.get())!=EOF)
         n=n+1;
         cout<<n<<endl;
         return 0;
     }
```

从键盘输入

```
     This is a book.<Enter>
     <Ctrl+Z>
```

时，输出结果是（   ）。

```
3.   #include <iostream>
     #include <string>
     using namespace std;
     void PrintString(char *s)
     {
         cout.write(s,strlen(s)).put('\n');
         cout.write(s,6)<<"\n";
     }
     int main()
     {
         char str[]="I love C++";
         PrintString(str);
         PrintString("this is a string");
         return 0;
     }
4.   #include <iostream>
     #include<iomanip>
     using namespace std;
     int main()
     {
         int a=127;
         double b=314159.26;
         cout<<setw(6)<<a<<endl;
         cout.setf(ios::hex|ios::showbase|ios::uppercase);
         cout<<a<<endl;
         cout.precision (8);
         cout<<-b<<endl;
         cout.setf(ios::scientific|ios::left);
```

```
        cout.width(20);
        cout.fill('*');
        cout<<-b<<endl;
        cout.width(20);
        cout.setf(ios::internal);
        cout<<-b<<endl;
        cout.precision(6);
        cout.fill(' ');
        return 0;
    }
5.  #include <iostream>
    using namespace std;
    class point
    {
        double x,y;
        public:
        void set(double,double);
        double getx();
        double gety();
    };
    void point::set(double i,double j)
    {
        x=i;y=j;
    }
    double point::getx(){return x;};
    double point::gety(){return y;};
    ostream &operator<<(ostream &out,point &p1)
    {
        return out<<'('<<p1.getx()<<','<<p1.gety()<<')';
    }
    int main()
    {
        point p1;
        double x=3.1,y=4.5;
        p1.set(x,y);
        cout<<"p1="<<p1<<endl;
        return 0;
    }
6.  #include <iostream>
    #include <iomanip>
    using namespace std;
    int main()
    {
        int i;
        for (i = 0; i < 3; i++)
        {
```

```
            cout.width(5);
            cout << i;
        }
        cout<<endl;
        cout.setf(ios::left);
        for (i = 0; i < 3; i++)
        {
            cout.width(5);
            cout << i;
        }
        return 0;
    }
```

四、程序填空题

1. 以下程序是将文本文件 data.txt 中的内容读出并显示在屏幕上。
```
    #include <fstream>
    using namespace std;
    int main()
    {
        char buf[80];
        ifstream me("e:\\exercise\\data.txt");
        while(_____①_____)
        {
            me.getline(buf,80);
            cout<<_____②_____<<endl;
        }
        return 0;
    }
```

2. 以下程序向 C 盘的 new.txt 文件写入内容，然后读出文件中内容并显示在屏幕上。
```
    #include <fstream>
    using namespace std;
    int main()
    {
        char str[100];
        fstream f;
        f.open(_____①_____);
        f<<"hello world";
        f.put('\n');
        _____②_____;
        while(!f.eof())
        {
            f.getline(str,100);cout<<str;
        }
        return 0;
    }
```

3. 下列程序将结构体变量 tt 中的内容写入 D 盘上的 date.txt 文件。

```cpp
#include <fstream>
using namespace std;
struct date
{
    int year,month,day;
};
int main()
{
    date tt={2002,2,12};
    ofstream(_____①_____);
    outdate.open("d:\\date.txt",ios::binary);
    if (_____②_____)
        { cerr << "\n 文件不能打开" << endl ;
            return ; }
    outdate.write(_____③_____);
    return 0;
}
```

4. 下面的程序把一个整数文件中的数据乘以 10 后写到另一文件中。

```cpp
#include <iostream>
#include <fstream>
using namespace std;
int main()
{
    char f1[20],f2[20];
    cout<<"输入源文件名：";
    cin.getline(f1,20);
    ifstream input(_____①_____);
    if(!input){
        cerr<<"源文件不存在"<<endl;
        return;
    }
    cout<<"输入目标文件名：";
    cin.getline(f2,20);
    ofstream output(_____②_____);
    if(!output){
        cerr<<"目标文件已存在"<<endl;
        return;
    }
    int number;
    while(_____③_____)
        _____④_____ <<'\t';
    input.close();
    output.close();
    return 0;
}
```

5．编写程序实现将字符数组 b 所存的字符串中偶数字节位置处的所有字符复制到字符数组 a 中。

```
#include < ____①____ >
using namespace std;
main() {
    char a[40],b[80],c;
    cin.getline(b,80);
    ____②____ strout(a,40);
    ____③____ strin(b,80);
    for(int i=0;i<80;i++) {
        strin.get(c);
        if(i%2==0)____④____;}
    cout<<a;
    return 0;
}
```

五、编写程序题

1．用流成员函数实现以下数据的输入/输出：

（1）以左对齐方式输出整数 255，域宽为 12；

（2）以八进制、十六进制输出整数 255；

（3）用指数格式和定点格式输出数 31.415926535，精度为 10；

（4）从键盘输入一串字符，输入串中的空格也要读入，以回车换行符结束。

2．将文本文件 datain.txt 中的小写字母转换成大写字母存入 dataout.txt 文件中。

3．统计 datain.txt 中字母的个数，并将结果追加到 dataout.txt 文件中。

4．生成一个二进制数据文件 data.dat，将 1～100 的平方根写入文件中。

5．从第 4 题中产生的数据文件中读取二进制数据，并在屏幕上以每行 5 个数，每个数按定点方式输出，域宽 15，输出到小数点后第 10 位的形式显示。

6．用二进制方式，把一个文本文件连接到另一个文本文件的尾部。

7．从文件 fname 中依次读取每个字符串并输出到屏幕上显示出来（每行输出一个），同时统计并显示出文件中的字符串个数。

8．已知二进制文件 data.dat 中存放着若干个双精度浮点数，统计该文件中的数据个数。

参考答案

一、选择题

1．A　　2．C　　3．A　　4．A　　5．B　　6．A　　7．D　　8．B
9．B　　13．D　　11．A　　12．B　　13．B　　14．B

二、填空题

1．数据从一个对象到另一个对象的传送，提取操作，>>，插入操作，<<

2．ios，streambuf，缓冲区，标准流对象，>>，<<

3．枚举类型，或"|"

4．iomanip.h

5．文本文件，二进制文件，字符，字节

6．有序的字节，文件结束符，文件定位，读指针，写指针，随机读写

7．setf()，unsetf()

8．<<，>>，get，put，read，write

9．流

三、阅读程序题

1．**12.345****34.567

2．16

3．I love C++

I love

this is a string

this i

4．127

0X7F

-314159.26

-3.14159260E+005****

-****3.14159260E+005

5．p1=(3.1,4.5)

6．0   1   2

0   1   2

四、程序填空题

1．①!me.eof()   ②buf

2．①"c:\\new.txt",ios::in|ios::out   ②f.seekg(0)

3．①outdate   ②!outdate

③(char*) &tt,sizeof(tt)

4．①f1,ios::nocreate   ②f2,ios::noreplace

③input>>number   ④output<<number*10

5．①strstrea   ②ostrstream

③istrstream   ④strout.put(c)

五、编写程序题

1．参考程序如下：

```
#include <iostream>
using namespace std;
```

```cpp
int main(){
    int inum1=255;
    double fnum=31.415926535;
    char str[255];
    cout.setf(ios::left);
    cout.width(12);
    cout<<inum1<<endl;
    cout.setf(ios::oct|ios::showbase);
    cout<<inum1<<endl;
    cout.unsetf(ios::oct);
    cout.setf(ios::hex);
    cout<<inum1<<endl;
    cout.unsetf(ios::hex);
    cout.precision(10);
    cout.setf(ios::scientific,ios::floatfield);
    cout<<"科学计数法表达方式："<<fnum<<'\n';
    cout.setf(ios::fixed,ios::floatfield);
    cout<<"定点表达方式："<<fnum<<'\n';
    cout<<"请输入一个字符串："<<endl;
    cin.getline(str,255);
    cout<<str<<endl;
    return 0;
}
```

2. 参考程序如下：

```cpp
#include <fstream>
using namespace std;
int main()
{
    char ch;
    ifstream rfile("datain.txt");
    ofstream wfile("dataout.txt");
    if(!rfile){cerr<<"文件 datain.txt 打开失败！"<<endl;
    return ;}
    if(!wfile){cerr<<"文件 dataout.txt 打开失败！"<<endl;
    return ;}
    while(rfile.get(ch))
    {
        if(ch>=97 && ch<=122)          //判断 ch 是否为小写字母
            ch=ch-32;                  //将小写字母变为大写字母
        wfile<<ch;
    }
    rfile.close();
    wfile.close();
    return 0;
}
```

3．参考程序如下：

```cpp
#include <fstream>
using namespace std;
int main()
{
    char ch;
    int n=0;
    ifstream rfile("datain.txt");
    ofstream wfile("dataout.txt",ios::app);
    if(!rfile){
        cerr<<"文件 datain.txt 打开失败！"<<endl;
        return;}
    if(!wfile){
        cerr<<"文件 dataout.txt 打开失败！"<<endl;
        return;}
    while(rfile.get(ch))
        if(ch>='A'&&ch<='Z'||ch>='a'&&ch<='z') n++;
    wfile<<"\n 文件中共有 "<<n<<" 个字母";
    rfile.close();
    wfile.close();
    return 0;
}
```

4．参考程序如下：

```cpp
#include <fstream>
#include <math>
using namespace std;
int main()
{
    int n;
    double s;
    ofstream dataout("data.dat",ios::binary);
    for(n=1;n<101;n++){
        s=sqrt(n);
        dataout.write((char*)&s,sizeof(s));
    }
    dataout.close();
    return 0;
}
```

5．参考程序如下：

```cpp
#include <fstream>
using namespace std;
int main()
{
    int n=0;
    double s;
    ifstream datain("data.dat",ios::binary);
```

```
        while(!datain.eof()){
            datain.read((char*)&s,sizeof(s));
            n++;
            cout.setf(ios::fixed);
            cout.precision(10);
            cout.width(15);
            cout<<s;
            if(n%5==0) cout<<endl;
        }
        datain.close();
        return 0;
    }
```

6. 参考程序如下：

```
    #include <fstream>
    using namespace std;
    int main(){
        int n;
        char filename[256],buf[100];
        fstream sfile,dfile;
        cout<<"输入源文件路径名："<<endl;
        cin>>filename;
        sfile.open(filename,ios::in|ios::binary);
        while(!sfile){
            cout<<"源文件找不到，请重新输入路径名："<<endl;
            sfile.clear(0);
            cin>>filename;
            sfile.open(filename,ios::in|ios::binary);
        }
        cout<<"输入目标文件路径名："<<endl;
        cin>>filename;
        dfile.open(filename,ios::app|ios::out|ios::binary);
        if(!dfile){
            cout<<"目标文件创建失败"<<endl;
            return;
        }
        while(!sfile.eof()){
            sfile.read(buf,100);
            n=sfile.gcount();
            dfile.write(buf,n);
        }
        sfile.close();
        dfile.close();
        return 0;
    }
```

7. 参考程序如下：

```cpp
#include <iomanip>
#include <fstream>
using namespace std;
int main()
{   char fname[20];
    char a[20];
    int i=0;
    cin.getline(fname,20);
    ifstream fin(fname);
    while(fin>>a) {
        cout<<a<<endl;
        i++;
    }
    fin.close();
    cout<<"文本中有"<<i<<"个字符串"<<endl;
    return 0;
}
```

8. 参考程序如下：

```cpp
#include <fstream>
using namespace std;
int main()
{
    long n=0;
    double s;
    ifstream datain("data.dat",ios::binary);
    datain.seekg(0,ios::end);
    n=datain.tellg()/sizeof(s);
    cout<<n<<endl;
    datain.close();
    return 0;
}
```

第 3 章　程序设计实践——MFC 基础

程序设计实践旨在在课程学习的基础上帮助读者掌握 C++应用系统的开发方法和技巧。本章通过对几个小型 C++应用程序实例设计与实现过程的分析，帮助读者掌握利用 C++开发应用系统的一般设计方法与实现步骤。作为教材内容的拓展，本章介绍 MFC 的基本知识。

3.1　MFC 概述

MFC（Microsoft Foundation Class Library，微软基础类库）是微软基于 Windows 平台下的 C++类库集合。MFC 包含了所有与系统相关的类，其中封装了大多数的 API（Application Program Interface）函数，提供了应用程序框架和开发应用程序的工具，如应用程序向导、类向导、可视化资源设计等高效工具，用消息映射处理消息响应，大大简化了 Windows 应用程序的开发工作，使程序员可以从繁重的编程工作中解脱出来，提高了工作效率。

1. MFC 与 Windows 编程

Windows 操作系统采用了图形用户界面，借助它提供的 API 函数，用户可以编出具有图形用户界面的程序。Windows 操作系统下的应用程序和控制台方式（MS-DOS）下的应用程序相比，具有如下特点：

（1）用户界面统一、友好。Windows 应用程序拥有相似的基本外观，包括窗口、菜单栏、工具栏、状态栏、滚动条等标准元素。

（2）独立于设备的图形操作。Windows 下的应用程序使用图形设备接口（Graphic Device Interface，GDI）屏蔽了不同设备的差异，提供了与设备无关的图形输出能力。

（3）支持多任务。Windows 是一个多任务的操作环境，允许用户同时运行多个应用程序。

（4）事件驱动的程序设计。Windows 程序不是由事件的顺序来控制，而是由事件的发生与否来控制程序执行逻辑。而事件是与消息关联的，Windows 应用程序的消息来源有以下 4 种：

- 输入消息：包括键盘和鼠标的输入。
- 控制消息：用来与 Windows 的控制对象，如列表框、按钮、复选框等进行双向通信。
- 系统消息：对程序化的事件或系统时钟中断做出反应。
- 用户消息：这是程序员自己定义并在应用程序中主动发出的。

在 Visual Studio 中编写 Windows 应用程序有以下两种方法：

- 直接调用 Windows 操作系统提供的 Windows API 函数来编写 Windows 应用程序。通过 Windows API 创建的 Windows 应用程序有两个基本部分：应用程序主函数 WinMain 和窗口函数。WinMain 函数是应用程序的入口点，相当于 C++控制台应用程序的主函数 main。与 main 函数一样，WinMain 函数名也是固定的。窗口函数的名字是用户自定义的，由系统调用，主要用来处理窗口消息，以完成特定的任务。使用 Windows API 编写 Windows 应用程序时，大量的程序代码必须由程序员自己编写，工作量大。
- 使用 MFC 类库编写 Windows 应用程序。MFC 提供了大量预先编写好的类及支持代码，用于处理多项标准的 Windows 编程任务，如创建窗口、处理消息、添加工具栏和对话框等。因此，使用 MFC 类库可以简化 Windows 应用程序的编写工作。

2. MFC 应用程序框架

MFC 封装了大部分 WindowsAPI 函数、数据结构和宏，以面向对象的类提供给程序员，并提供了一个应用程序框架，简化和标准化了 Windows 程序设计。

MFC 中的各种类加起来有几百个，其中只有 5 个核心类对应用程序框架有影响：CWinApp、CDocument、CView、CFrameWnd 和 CDocTemplate。这 5 个类之中只有 CWinApp 是必不可少的类，CWinApp 的对象在应用程序中必须有一个，也只有一个，并且是一个全局对象。全局对象是在 Windows 操作系统调用 WinMain 之前建立的，它开通了程序执行的路径。在 MFC 编程中，入口函数 WinMain 被封装在 MFC 的应用程序框架内，称为 AfxWinMain，不需要也不可以再定义另一个 WinMain 函数。

应用程序框架（Application Framework）是一组类构造起来的大模型。它的出现使得开发人员不需要构建程序框架结构，其初始代码可以由应用程序向导自动完成。

3. MFC 应用程序向导

MFC 应用程序向导（MFC AppWizard）可以帮助程序员创建一个 MFC 应用程序框架，并且自动生成这个 MFC 应用程序框架所需要的全部文件。然后，程序员利用资源管理器和类向导（ClassWizard），为应用程序添加实现特定功能的代码，以实现应用程序所要求的功能。

在新的 Visual Studio 版本中，MFC 不再作为默认的安装项目，因此，当需要使用 MFC 时，必须先安装。可以运行安装程序（Visual Studio Installer），如图 3.1 所示，选择相应版本，单击"修改"按钮进入修改安装窗口，如图 3.2 所示，选择"使用 C++的桌面开发"选项，在右边的窗口中选择相应的 MFC 库。安装好后，在新建项目窗口的项目列表里会出现"MFC 应用"选项。

图 3.1 Visual Studio 安装程序界面

在 Visual Studio 中，可以创建以下 3 类典型的 Windows 应用程序，它们都是通过 MFC 应用程序向导（AppWizard）创建的。

图 3.2　安装 MFC 类库

- 基于对话框的应用程序：这类程序适合文档较少而交互操作较多的应用场合，如 Windows 自带的计算器程序。

- 单文档界面（SDI）应用程序：这类程序一次只能打开一个文档，如 Windows 自带的 Notepad 程序。

- 多文档界面（MDI）应用程序：这类程序可以同时打开多个文档并进行处理，处理的过程中很容易进行切换，如 Microsoft Word。

下面通过构建应用程序 myprog1，简单介绍如何使用 MFC 应用程序向导。

启动 Visual Studio，单击"创建新项目"按钮，进行如下操作：

（1）选择"MFC 应用"选项（如没有该选项，请先安装），单击"下一步"按钮。

（2）在"配置新项目"对话框中输入项目名称，这里为 myMFCApplication1。在"位置（Location）"文本框中输入用于存放应用程序的目录，这里为 G:\llm_C++_source\。最后单击"创建"按钮，弹出"MFC 应用程序"对话框。

（3）"MFC 应用程序"对话框可用于确定应用程序的类型、文档模板属性、用户界面功能等的设置。

在应用程序类型设置界面可设置单个文档、多个文档、基于对话框或多个顶层文档，并为资源选择一种语言。

这里选择单个文档，其余取默认设置，单击"完成"按钮，则 Visual Studio 根据这些选择生成应用程序的相应源文件。

（4）完成上述步骤后，应用程序的框架即被生成，并在开发环境（Developer Studio）的程序工作区窗口中打开生成的程序。其中 ClassView 面板显示的是所创建的类和成员函数；ResourceView 面板显示的是所创建的资源；FileView 面板显示的是所创建的初始文件。

（5）选择"生成"→"生成解决方案"菜单项，编译、连接、建立执行程序。

（6）选择"调试"→"开始执行（不调试）"菜单项，运行应用程序。

从运行结果可以看出，尽管还未写入一句代码，但 myprog1 程序已经是一个完整的可执行程序了，其运行结果已包含标题栏、工具栏、菜单栏和一个文档边框窗口。

生成应用程序框架后，这仅仅是一个程序的最基本的骨架，往往还需往项目中添加大量的代码，包括类、资源、消息处理函数等。

4. MFC 与消息映射

Windows 应用程序都是消息（Message）驱动的，消息处理是 Windows 应用程序的核心部分。消息是用来请求对象执行某一处理、某一行为的信息。某对象在执行相应的处理时，如果需要，它可以通过传递消息请求其他对象完成某些处理工作或回答某些信息。其他对象在执行所要求的处理活动时，同样可以通过传递消息与别的对象联系，即 Windows 应用程序的运行是靠对象间传递消息来完成的。消息实现了对象与外界、对象与其他对象之间的联系。

消息主要有如下 3 种类型：

（1）标准 Windows 消息。除 WM-COMMAND 外，所有以"WM-"为前缀的消息都是标准 Windows 消息。标准 Windows 消息由窗口和视图处理，这类消息通常会含有用于确定如何对消息进行处理的一些参数。标准 Windows 消息都有默认的处理函数，这些函数在 CWnd 类中进行了预定义。MFC 类库以消息名为基础形成这些处理函数的名称，这些处理函数的名称都有前缀 On。

（2）控件通知消息。控件通知消息包含从控件和其他子窗口传送给父窗口的 WM-COMMAND 通知消息。像其他标准的 Windows 消息一样，控件通知消息由窗口和视图处理，但当用户单击按钮控件时，发生的 BN-CLICKED 控件通知消息将作为命令消息来处理。

（3）命令消息。命令消息包含来自用户界面对象（如菜单项、工具栏按钮和加速键等）的 WM-COMMAND 通知消息。命令消息的处理与其他消息的处理不同，命令消息可以被更广泛的对象（如文档、文档模板、应用程序对象、窗口和视图）处理。如果某条命令直接影响某个特定的对象，则应该让该对象来处理这条命令。

Windows 程序这种"接收消息—处理消息—再等消息"的往复过程即称为"消息循环"。消息循环是 Windows 应用程序与 MS-DOS 应用程序的最大差异点。

在 Windows 平台，程序员不能决定程序执行的流程，而只能决定接收到消息时的程序的动作（编写完成局部的代码）。在 Visual Studio 中编程不是考虑要让程序按照什么样的顺序执行，而应考虑在某一消息下程序应该干什么。

3.2 MFC 与菜单设计

在 Visual Studio 中设计应用程序菜单将主要用到资源视图以及类向导工具，一般包括如下操作内容：

- 使用资源视图建立和编辑菜单项目。
- 使用类向导工具创建与上述菜单项目对应的菜单消息处理函数框架。
- 在菜单消息处理函数框架中写入消息处理代码。

下面通过实例介绍如何在 Visual Studio 集成开发环境中设计生成菜单、工具栏和加速键资源，并为其定义命令处理函数。

1. 生成新项目

启动 Visual Studio，在启动窗口单击"创建新项目"选项（如果已经在 Visual Studio 环境中，则选择"文件"→"新建"→"项目"菜单项），打开"创建新项目"窗口，如图 3.3 所示。选择"MFC 应用"选项，单击"下一步"按钮，进入项目配置窗口，输入项目名称 Hello 和位置，单击"创建"按钮进入应用程序类型选择对话框，如图 3.4 所示。在"应用程序类型"下选择"单个文档"选项，在这个对话框还可以对文档模板属性、用户界面功能等进行进一步的设置。这里使用默认设置，单击"完成"按钮。

图 3.3　"创建新项目"窗口

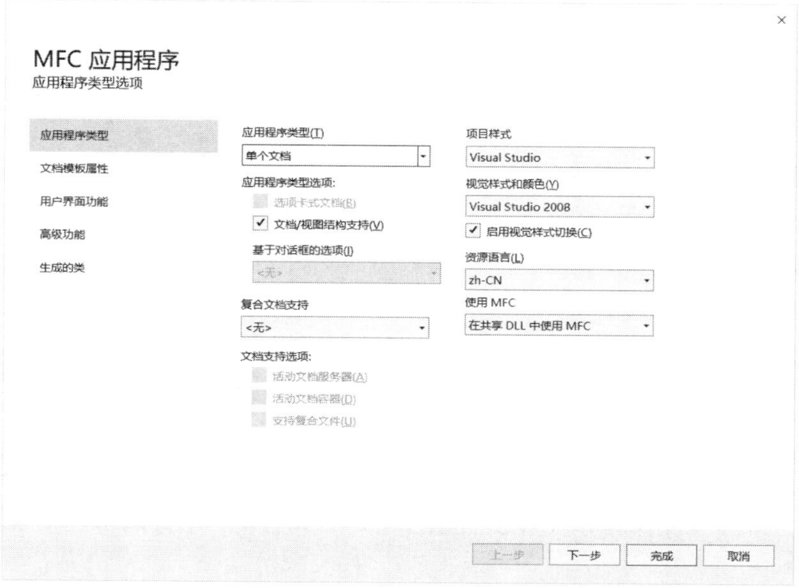

图 3.4　MFC 应用程序类型选择对话框

2．编辑菜单

编辑由应用程序向导自动生成的菜单资源，进行下列操作。

（1）选择"解决方案资源管理器"的"资源视图"标签（如果没有"资源视图"标签，可在"视图"菜单下的"其他窗口"子菜单中，选择"资源视图"命令将其打开），切换到"资源视图"界面。

（2）单击 Hello 展开，选择 Menu 资源类型。

（3）双击菜单资源 IDR_MAINFRAME，将弹出菜单编辑窗口，如图 3.5 所示。

（4）编辑当前菜单。

1）删除：要删除某个菜单项或弹出菜单，可单击该菜单或用上下光标键选择，然后按 Del 键删除。

2）插入：要插入新菜单项，可选定窗口中的菜单框右击，在弹出的快捷菜单中选择"新插入"，会在选中的菜单项前插入一空白的菜单项，选中该菜单项获得输入焦点后可输入菜单名称。可在右边的菜单属性窗口设置其属性。

3）调整：Visual Studio 支持鼠标拖曳调整菜单项位置。要调整菜单项位置，只需要选中某菜单项并将其拖至适当位置即可。

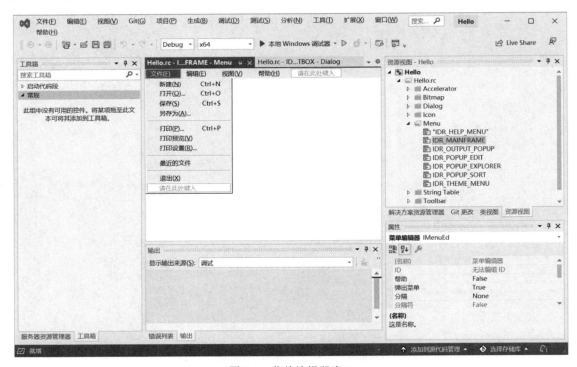

图 3.5　菜单编辑器窗口

利用菜单编辑器在"编辑"和"查看"菜单之间插入"欢迎"弹出菜单，然后在"欢迎"弹出菜单下插入 4 个子菜单项，并在&SayHello 菜单下插入一个分隔符。菜单项属性设置见表 3.1。

表 3.1　菜单项属性设置

菜单名	菜单性质	对象 ID 名称	菜单提示
欢迎	弹出菜单	无	无
Say hello	命令菜单	ID_SAY_HELLO	Hello!
Red	命令菜单	ID_RED	The color is red
Green	命令菜单	ID_GREEN	The color is green
Blue	命令菜单	ID_BLUE	The color is blue

3. 为菜单项定义命令处理函数

用类向导为上面创建的几个菜单生成和映射消息处理成员函数，可进行下列操作。

（1）选择"项"→"类向导"菜单项，打开"类向导"对话框，如图 3.6 所示。

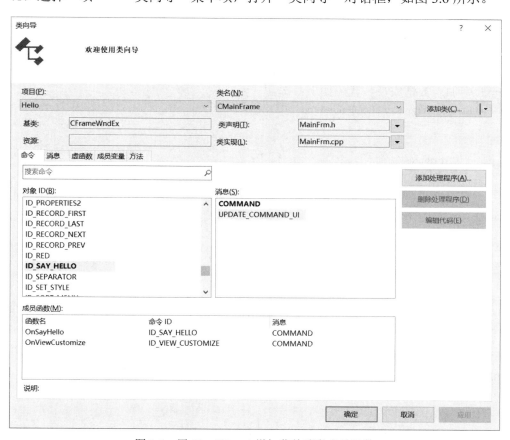

图 3.6　用 ClassWizard 增加菜单消息成员函数

（2）在"类名"下拉列表里选择 CMainFrame 类，在"对象 ID"列表框中选择 ID_SAY_HELLO，在消息栏中选择 COMMAND 消息，单击右边的"添加处理程序"按钮，打开"添加成员函数"对话框给成员函数命名，这里取默认的 OnSayHello，单击"确认"按钮生成成员函数框架，单击"编辑代码"按钮，工作区会将 MainFrame.cpp 源代码在编辑器窗口打开。

如此，依次为 ID_RED、ID_BLUE、ID_GREEN 增加消息处理成员函数 OnRed、OnBlue、OnGreen。

（3）在 OnSayHello 成员函数体中加入如下代码：

```
void CMainFrame::OnSayHello()
{
    // TODO: Add your command handler code here
    AfxMessageBox(_T("Hello!"));
}
```

另外在 CHelloView::OnDraw(CDC *pDC)加入如下代码：

```
void CHelloView::OnDraw(CDC* pDC)
{
    CHelloDoc* pDoc = GetDocument();
    ASSERT_VALID(pDoc);
    // TODO: add draw code for native data here
    pDC->TextOut(0,0,_T("Hello Weclome to use MFC !"));
}
```

下面再来编写 OnRed、OnBlue、OnGreen 三个函数。首先双击 CMainFrame 类名，在 MainFrm.h 中加入数据成员，代码如下：

```
classCMainFrame:publicCFrameWnd
{
    ...
    //Attributes
    public:
    int m_nColor;
    enum{RED=0,GREEN=1,BLUE=2};
    ...
}
```

加入数据成员后，还要对它进行初始化，初始化工作在 CMainFrame()构造函数中完成。代码如下：

```
CMainFrame::CMainFrame()
{
    m_nColor=RED;
}
```

OnRed、OnBlue、OnGreen 三个函数的程序如下：

```
void CMainFrame::OnRed()
{
    //TODO: Add your command handler code here
    m_nColor=RED;
    AfxMessageBox(_T("Color is red!"));
}


void CMainFrame::OnGreen()
{
    //TODO: Add your command handler code here
```

```
        m_nColor=GREEN;
        AfxMessageBox(_T("Color is green!"));
    }

    void CMainFrame::OnBlue()
    {
        //TODO: Add your command handler code here
        m_nColor=BLUE;
        AfxMessageBox(_T("Color is blue!"));
    }
```

这样，程序会根据当前选择的颜色弹出不同的消息框。如果要求选择不同的颜色后，在菜单名前显示一个钩，表明这是当前选项，要实现这一功能，可以使用 MFC 框架的更新命令用户界面消息机制。

4. 更新命令用户界面消息

一般情况下，菜单项和工具栏按钮都不止一种状态，应用程序经常需要根据内部状态来对菜单项和工具栏按钮的外观进行相应的改变。例如，在没有选择任何内容时，编辑菜单的"复制""剪切"等项是灰色显示。有时，还会看到在菜单项旁边有标记，表示它是选中的还是没有选中的。工具栏也有类似的情况，如果按钮不可用也可以被置成无效。

（1）更新机制。MFC 应用程序框架引入了更新命令用户界面消息来专门解决这一问题。在下拉菜单之前，或在工具栏按钮处于空闲循环期间，MFC 会发一个更新命令，这将导致命令更新处理函数的调用。命令更新处理函数可以根据情况，使用户界面对象（主要指菜单项和工具栏按钮）允许或禁止使用。

对于每一个菜单项，将对应两种消息：COMMAND 和 UPDATE_COMMAND_UI。其中 UPDATE_COMMAND_UI（用户界面更新消息）用于处理菜单项和工具栏按钮的更新。每一个菜单命令都对应于一个 UPDATE_COMMAND_UI 消息。可以为 UPDATE_COMMAND_UI 编写消息处理函数来处理用户界面（包括菜单和工具栏按钮）的更新。如果一条命令有多个用户界面对象（比如一个菜单项和一个工具栏按钮），两者都被发送给同一个消息处理函数。这样，对于所有等价的用户界面对象来说，可以把用户界面更新代码封装在同一地方。

（2）编写消息处理函数。当框架给消息处理函数发送更新命令时，它给函数传递一个指向 CCmdUI 对象的指针。这个对象包含了相应的菜单项或工具栏按钮的指针。更新处理函数利用该指针调用菜单项或工具栏按钮的命令接口函数来更新用户界面对象（包括灰化、使能，选中菜单项和工具栏按钮等）。下面给菜单项编写更新消息处理函数来更新用户界面。操作如下：选择"项目"→"类向导"菜单项，打开"类向导"对话框。在对话框的"类名"下拉列表中选择 CMainFrame，在"对象 ID"列表框中选择 ID_RED，在消息列表框中双击 UPDATE_COMMAND_UI，打开 Add Member Function 对话框，单击 OK 按钮接收默认函数名为 OnUpdateRed。依次给 ID_BLUE、ID_GREEN 增加 OnUpdateBlue 和 OnUpdateGreen 用户界面更新消息处理函数。程序如下：

```
    void CMainFrame::OnUpdateRed(CCmdUI* pCmdUI)
    {
        // TODO: Add your command update UI handler code here
```

```
        pCmdUI->SetCheck(m_nColor==RED);
    }

    void CMainFrame::OnUpdateGreen(CCmdUI* pCmdUI)
    {
        // TODO: Add your command update UI handler code here
        pCmdUI->SetCheck(m_nColor==GREEN);
    }

    void CMainFrame::OnUpdateBlue(CCmdUI* pCmdUI)
    {
        // TODO: Add your command update UI handler code here
        pCmdUI->SetCheck(m_nColor==BLUE);
    }
```

编译运行 Hello 程序，如图 3.7 所示，当打开"欢迎"菜单时，在 Red 菜单项前已经打了一个钩。

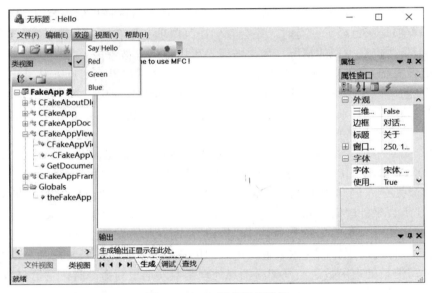

图 3.7　Hello 程序运行结果

5. 编辑工具栏

应用程序向导（AppWizard）已经为程序自动生成了一个工具栏资源。如果程序只需一个工具栏，则不需要增加工具栏资源了，只需修改和编辑它即可。操作如下：

（1）将项目工作区切换到资源视图，并依次展开图标 Hello→hello.rc→Toolbar 选项，双击 IDR_MAINFRAME_256，Visual Studio 会打开一个功能强大的工具栏资源编辑窗口，如图 3.8 所示。

该窗口的上部显示出了工具栏上的按钮，当用户用鼠标选择某一按钮时，在窗口的下部会显示该按钮的位图。在窗口旁边有一个绘图工具面板和一个颜色面板，供用户编辑按钮位图时使用。

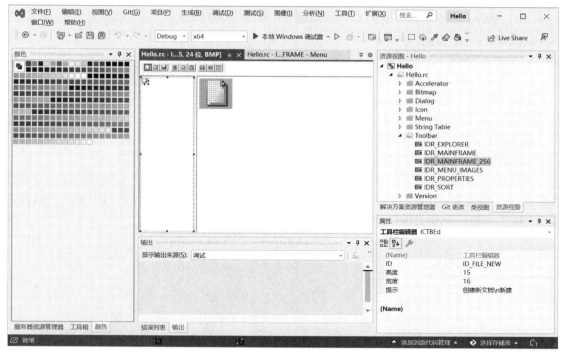

图 3.8　工具栏资源编辑窗口

（2）删除"？"按钮前面的所有按钮。方法是用鼠标将要删除的按钮拖出工具栏即可。

（3）先选中"？"按钮后面的空白按钮，然后在该按钮的放大位图上用红色画一个实心圆圈，以表示选择红色。再选中空白按钮，并用绿色在放大位图上画一个实心圆圈，以表示绿色。同理画一个表示蓝色的按钮。通过用鼠标拖动按钮调整按钮的位置。

（4）分别为 3 个新加的按钮指定命令 ID。方法是，先选中一个按钮，在属性窗口中输入 ID，或从 ID 下拉列表中分别选择与按钮功能相同的菜单项的 ID，这样同样的命令既可以通过菜单执行，也可以通过工具栏执行，如红色按钮对应的菜单项 Red 的 ID 是 ID_RED，则将红色按钮的 ID 也设置成 ID_RED。

（5）为按钮指定命令提示。分别双击 3 个颜色按钮，在弹出的属性窗口中的提示（Prompt）栏内已有的信息后分别输入工具栏提示，分别为：

   The color is red. \nred

   The color is green.\ngreen

   The color is blue.\nblue

在提示栏中，两者用"\n"分隔开。当鼠标指针移动到某个菜单项或工具栏上的按钮时，在状态栏中就会显示状态栏提示，当鼠标指针在某个按钮上停留片刻后，就会弹出一个工具提示窗口显示"\n"后的信息。

3.3　MFC 与对话框设计

对话框是一种特殊类型的窗口，绝大多数 Windows 程序都通过对话框与用户进行交互。

在 Visual Studio 中，对话框既可以单独组成一个简单的应用程序，又可以成为文档/视图结构程序的资源。

在 Visual Studio 中，创建对话框程序一般包括如下步骤：

第 1 步：创建对话框应用程序框架。

第 2 步：在对话框窗口放置控件并设置控件属性。

第 3 步：为控件连接变量。

第 4 步：使用类向导创建与上述用户对话框窗口控件对应的消息处理函数框架。

第 5 步：在消息处理函数中写入消息处理代码。

新建的默认的对话框有 OK 和 Cancel 两个按钮，在窗口的旁边有一个控件面板，在控件面板上用鼠标选择一个控件，然后在对话框中单击，则相应的控件就被放置到了对话框窗口中。图 3.9 显示了控件面板上的常用控件。

图 3.9　控件面板

对话框中每个控件都有属性，选中控件或对话框后，右下角会出现一个该控件或对话框的属性窗口（如没有出现属性窗口，可右击该控件，在弹出的快捷菜单中选择"属性"菜单项打开属性窗口），属性窗口用来设置控件或对话框的各种属性。一个典型的控件属性窗口如图 3.10 所示。

常见的控件属性含义如下：

- ID：用于指定控件的标识符，Windows 依靠 ID 来区分不同的控件。
- 可见：指定控件最初为可见。
- 描述文字：指定由控件显示的文本。
- 组：指定基于 Tab 键顺序的一组控件中的第一个控件。

下面以一个简单的文本编辑器说明 MFC 中对话框的设计方法。该文本编辑器使用单选按钮实现对文本字体的编辑，使用复选框实现对文本字型的编辑，使用微调控件实现对文本颜色的编辑修改。

图 3.10　控件属性窗口

1.　创建对话框应用程序框架

启动 Visual Studio，在启动窗口中单击"创建新项目"按钮（如已在 Visual Studio 环境中，则选择"文件"→"新建"→"项目"菜单项），打开"创建新项目"窗口。在模板列表框中选择"MFC 应用"选项，单击"下一步"按钮，打开"配置新项目"对话框。在"配置新项目"对话框中输入项目名称 Myedit 并选择好项目文件存储的文件夹，单击"创建"按钮打开"MFC 应用程序"对话框。在"MFC 应用程序"对话框设置应用程序类型为"基于对话框"，单击"完成"按钮完成应用程序 Myedit 框架的建立。

用应用程序向导生成基本对话框的项目文件 Myedit，得到默认的对话框，如图 3.11 所示。

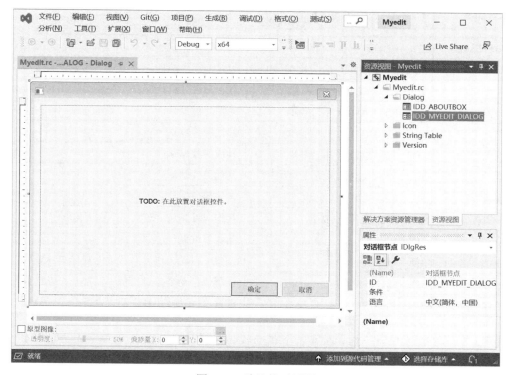

图 3.11　默认的对话框

2. 放置控件并设置控件属性

删除默认对话框中不需要的控件，重新设计对话框界面，界面设计如图 3.12 所示。设置控件属性，见表 3.2。

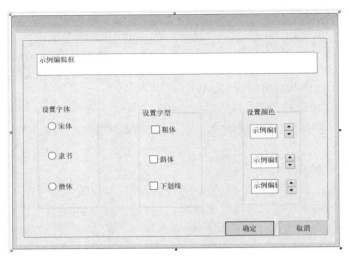

图 3.12　文本编辑对话框界面

表 3.2　主要控件属性

控件名称	控件属性		备注
	ID	描述文字	
文本编辑框	IDC_EDIT1		其他属性默认
单选按钮	IDC_ST_RADIO	宋体	设置"组"属性
单选按钮	IDC_LS_RADIO	隶书	其他属性默认
单选按钮	IDC_KT_RADIO	楷体	其他属性默认
复选框	IDC_CT_CHECK	粗体	其他属性默认
复选框	IDC_XT_CHECK	斜体	其他属性默认
复选框	IDC_XHX_CHECK	下划线	其他属性默认
文本编辑框	IDC_Red		其他属性默认
文本编辑框	IDC_Green		其他属性默认
文本编辑框	IDC_Blue		其他属性默认
微调控件	IDC_Red_SPIN		设置"自动合作者"及"设置合作者整数"属性
微调控件	IDC_Green_SPIN		设置"自动合作者"及"设置合作者整数"属性
微调控件	IDC_Blue_SPIN		设置"自动合作者"及"设置合作者整数"属性

注意： 3 个单选按钮为一组，在第 1 个单选按钮的属性设置对话框设置"组"属性为 True。3 个微调控件的作用是调节文本颜色，需要设置"自动合作者"和"设置合作者整数"两个属性为 True，将微调控件与左侧的编辑框设置在一起，如图 3.13 所示。

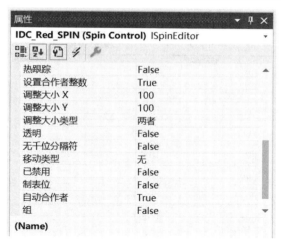

图 3.13　设置微调（spin）控件

另外需设置各控件的 Tab 顺序，使 3 个单选按钮为一组，同时使文本编辑框与微调控件自然绑定在一起，具体操作为：选择"格式"→"Tab 键顺序"菜单项，单击各控件设置其 Tab 顺序，如图 3.14 所示。

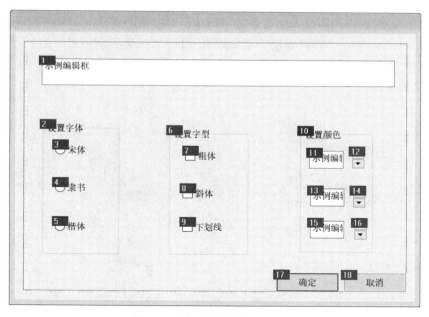

图 3.14　设置各控件的 Tab 顺序

3. 为控件连接成员变量

成员变量和控件连接时，分为两类：Value（值）和 Control（控件）。和控件连接后的具有 Value 类的成员变量，变量的变化可以通过控件体现出来（需执行函数 UpdateData(false)），控件的值或状态变化时也会反映到相应的变量中（需执行函数 UpdateData(true)）。和控件连接后的具有 Control 类的成员变量，可以访问控件类的成员函数，这给编程带来很大的方便。本例为和各控件连接的成员变量，见表 3.3。

表 3.3　和各控件连接的成员变量

变量名称	类（Catalog）	变量类型	控件 ID
m_TextEdit	Value	CString	IDC_EDIT1
m_TextFont	Control	CEdit	IDC_EDIT1
m_CT	Value	BOOL	IDC_CT_CHECK
m_XHX	Value	BOOL	IDC_XHX_CHECK
m_XT	Value	BOOL	IDC_XT_CHECK
m_Blue_Edit	Value	UINT	IDC_Blue
m_Green_Edit	Value	UINT	IDC_Green
m_Red_Edit	Value	UINT	IDC_Red
m_Red	Control	CSpinButtonCtrl	IDC_Red_SPIN
m_Green	Control	CSpinButtonCtrl	IDC_Green_SPIN
m_Blue	Control	CSpinButtonCtrl	IDC_Blue_SPIN

　　为控件连接成员变量，方法如下：切换到资源视图，双击资源视图下的对话框资源（IDD_MYEDIT_DIALOG）打开对话框设计界面。选择"项目"→"添加变量"菜单项（如"项目"菜单中没有"添加变量"菜单项或不可用，可以单击对话框中的"复选框"控件将其选中，再选择"项目"→"添加变量"菜单项），打开"添加控制变量"对话框，在控件 ID 下拉列表框中选择相应控件的 ID，如图 3.15 所示，选择变量类别（"控件"或"值"），输入变量名及变量类型。

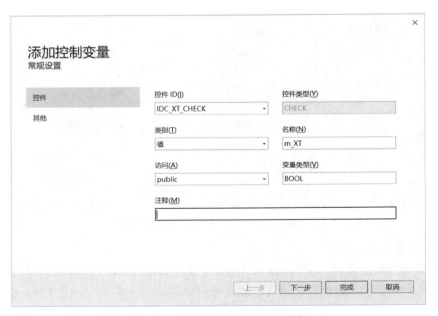

图 3.15　"添加控制变量"对话框

　　分别为文本编辑框控件、复选框控件连接成员变量，完成后如图 3.16 所示。

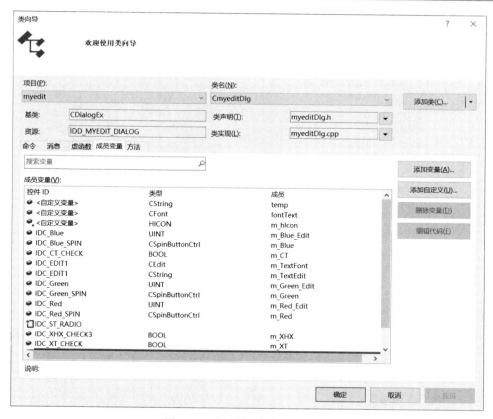

图 3.16　为控件添加的成员变量

在文件 MyeditDlg.h 中添加类型为 CString 的成员变量 temp 和类型为 CFont 的成员变量 fontText，保存设置字体的内容，创建新字体、字型，其代码如下：

```
class CmyeditDlg : public CDialog
{
    // Construction
    public:
    CmyeditDlg(CWnd* pParent = NULL);        //standard constructor
    CString temp;
    CFont fontText;                          //定义字体实例 fontText
    …                                        //此处略去系统生成的相关语句
}
```

完成 MyeditDlg.h 中成员变量定义的代码如下：

```
class CmyeditDlg : public CDialog
{
    // Construction
    public:
    CmyeditDlg(CWnd* pParent = NULL);        //standard constructor
    CString temp;
    CFontfontText;                           //定义字体实例 fontText
    // Dialog Data
```

```
//{{AFX_DATA(CmyeditDlg)
enum { IDD = IDD_MYEDIT_DIALOG };
CSpinButtonCtrl m_Red;
CSpinButtonCtrl m_Green;
CSpinButtonCtrl m_Blue;
CEdit m_TextFont;
CString m_TextEdit;
BOOL m_CT;
BOOL m_XHX;
BOOL m_XT;
UINT m_Blue_Edit;
UINT m_Green_Edit;
UINT m_Red_Edit;
…
}
```

4. 创建与控件对应的消息处理函数框架及添加代码

（1）初始化界面。

向对话框派生类 CmyeditDlg 中添加初始化成员函数 OnInitDialog()，在此成员函数中实现成员变量的初始化，方法如下所述。

打开类视图，单击 CmyeditDlg 类选中它，在其代码窗口中找到 BOOL CmyeditDlg::OnInitDiaglog()成员函数，在 OnInitDiaglog 中添加如下代码：

```
BOOL   CmyeditDlg::OnInitDialog()
{
    CDialog::OnInitDialog();
    m_CT=m_XT=m_XHX=FALSE;
    m_TextEdit=_T("中南大学");              //将文本编辑框初始化为"中南大学"
    UpdateData(FALSE);                      //将变量的变化反映到与之相连的控件上
    fontText.CreateFont(32,32,0,0,0,FALSE,FALSE,FALSE,DEFAULT_CHARSET,
        OUT_DEFAULT_PRECIS,CLIP_DEFAULT_PRECIS,DEFAULT_QUALITY,
        DEFAULT_PITCH|FF_SWISS,_T("黑体"));
    m_TextFont.SetFont(&fontText);          //将所设置字体施加在文本编辑框
    m_Red.SetRange(0,255);                  //设置红色微调按钮范围
    m_Green.SetRange(0,255);                //设置绿色微调按钮范围
    m_Blue.SetRange(0,255);                 //设置蓝色微调按钮范围
    …                                       //此处略去系统生成的相关语句
    return TRUE;                            // return TRUE   unless you set the focus to a control
}
```

Windows 程序设计中，要实现文本编辑框字体、字型等属性的设置，首先要调用 CFont 类成员函数 CreateFont()创建新字体、字型、字号，接着调用 SetFont()函数对文本编辑控件进行设置。

```
CreateFont(                                //函数包含14个参数，其函数原型如下
    BOOL CreateFont(
    int nHeight,                           //字体高度
    int nWidth,                            //字体宽度
    int nEscapement,
    int nOrientation,
    int nWeight,                           //粗体
    BYTE bItalic,                          //斜体
```

```
    BYTE bUnderline,                       //下划线
    BYTE cStrikeOut,                       //删除线
    BYTE nCharSet,                         //字符集
    BYTE nOutPrecision,
    BYTE nClipPrecision,
    BYTE nQuality,
    BYTE nPitchAndFamily,
    LPCTSTR lpszFacename                   //字体
);
```

（2）为单选按钮和复选框添加消息处理函数。

添加响应鼠标单击字体单选按钮、字型复选框的 6 个成员函数名，分别为：宋体 OnStRadio()、隶书 OnLsRadio()、楷体 OnKtRadio()、粗体 OnCtCheck()、斜体 OnXtCheck() 和下划线 OnXhxCheck()。方法如下：在"对话框设计界面"（在"资源视图"界面双击 myedit→ myedit.rc→Dialog→IDD_MYEDIT_DIALOG 打开"对话框设计界面"）选择"项目"→"类向导"菜单项，打开"类向导"对话框（图 3.17），在"命令"选项卡的"对象 ID"列表中选择单选按钮资源标识符 IDC_ST_RADIO，在"消息"列表框中选择 BN_CLICKED（单击事件），再单击"添加处理程序"按钮，打开"添加成员函数"对话框，在对话框中输入函数名 OnSTRadio，单击"确定"按钮，完成 OnStRadio()函数的创建。依次完成上述其他成员函数的创建。

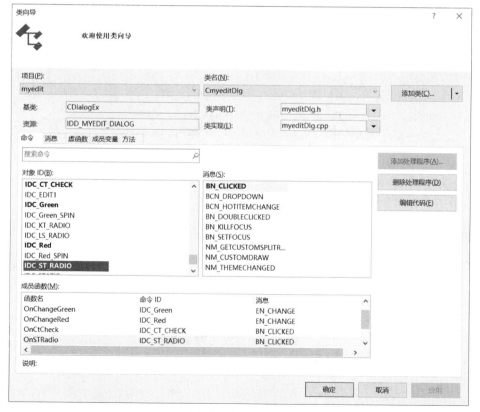

图 3.17　"类向导"对话框（OnStRadio()函数）

为成员函数添加代码，方法如下所述。

在图 3.17 中单击"编辑代码"按钮，弹出添加代码窗口，如图 3.18 所示。

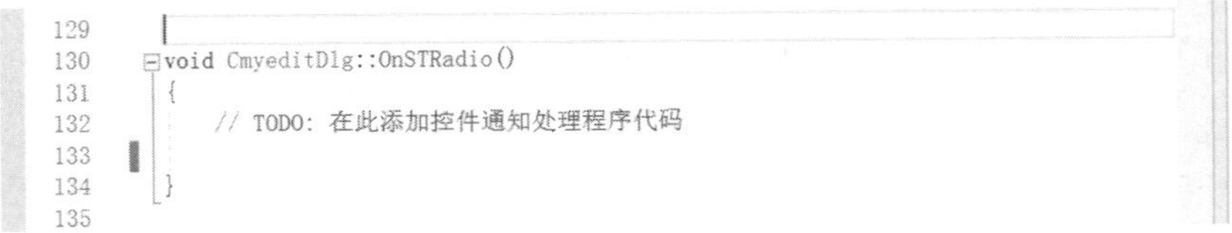

```
129
130    void CmyeditDlg::OnSTRadio()
131    {
132        // TODO: 在此添加控件通知处理程序代码
133
134    }
135
```

图 3.18　添加代码窗口

在上述窗口中添加如下代码：

```
void CmyeditDlg::OnStRadio()
{

    // TODO: Add your control notification handler code here
    fontText.CreateFont(32,32,0,0,(int)m_CT*1000,m_XT,m_XHX,FALSE,
        DEFAULT_CHARSET,OUT_DEFAULT_PRECIS,
        CLIP_DEFAULT_PRECIS,DEFAULT_QUALITY,
        DEFAULT_PITCH|FF_SWISS,temp);
    m_TextFont.SetFont(&fontText);          //创建字体

}
```

依次为隶书 OnLsRadio()、楷体 OnKtRadio()、粗体 OnCtCheck()、斜体 OnXtCheck()和下划线 OnXhxCheck()函数添加实现代码。各个函数的实现代码如下：

```
void CmyeditDlg::OnLsRadio()
{

    // TODO: Add your control notification handler code here
    temp=_T("华文隶书");
    fontText.DeleteObject();
    fontText.CreateFont(32,32,0,0,(int)m_CT*1000,m_XT,m_XHX,FALSE,
        DEFAULT_CHARSET,OUT_DEFAULT_PRECIS,
        CLIP_DEFAULT_PRECIS,DEFAULT_QUALITY,
        DEFAULT_PITCH|FF_SWISS,temp);
    m_TextFont.SetFont(&fontText);          //创建字体

}

void CmyeditDlg::OnKtRadio()
{

    // TODO: Add your control notification handler code here
    temp=_T("楷体_GB2312");
    fontText.DeleteObject();
    fontText.CreateFont(32,32,0,0,(int)m_CT*1000,m_XT,m_XHX,FALSE,
        DEFAULT_CHARSET,OUT_DEFAULT_PRECIS,
        CLIP_DEFAULT_PRECIS,DEFAULT_QUALITY,
        DEFAULT_PITCH|FF_SWISS,temp);
    m_TextFont.SetFont(&fontText);          //创建字体

}
```

```
void CmyeditDlg::OnCtCheck()
{
    // TODO: Add your control notification handler code here
    m_CT=!m_CT;                              //粗体状态取反
    fontText.DeleteObject();
    if(m_CT)
        fontText.CreateFont(32,32,0,0,1000,m_XT,m_XHX,FALSE,
            DEFAULT_CHARSET,OUT_DEFAULT_PRECIS,
            CLIP_DEFAULT_PRECIS,DEFAULT_QUALITY,
            DEFAULT_PITCH|FF_SWISS,temp);
    else
        fontText.CreateFont(32,32,0,0, 0,m_XT,m_XHX,FALSE,
            DEFAULT_CHARSET,OUT_DEFAULT_PRECIS,
            CLIP_DEFAULT_PRECIS,DEFAULT_QUALITY,
            DEFAULT_PITCH|FF_SWISS,temp);
            m_TextFont.SetFont(&fontText);
}


void CmyeditDlg::OnXtCheck()
{
    // TODO: Add your control notification handler code here
    m_XT=!m_XT;                              //斜体状态取反
    fontText.DeleteObject();
    fontText.CreateFont(32,32,0,0,(int)m_CT*1000,m_XT,m_XHX,FALSE,
        DEFAULT_CHARSET,OUT_DEFAULT_PRECIS,
        CLIP_DEFAULT_PRECIS,DEFAULT_QUALITY,
        DEFAULT_PITCH|FF_SWISS,temp);
    xtFont.SetFont(&fontText);
}


void CmyeditDlg::OnXhxCheck()
{
    // TODO: Add your control notification handler code here
    m_XHX=!m_XHX;                            //下划线状态取反
    fontText.DeleteObject();
    fontText.CreateFont(32,32,0,0,(int)m_CT*1000,m_XT,m_XHX,
        FALSE,DEFAULT_CHARSET,OUT_DEFAULT_PRECIS,
        CLIP_DEFAULT_PRECIS,DEFAULT_QUALITY,
        DEFAULT_PITCH|FF_SWISS,temp);
    m_TextFont.SetFont(&fontText);
}
```

（3）添加改变文本颜色的消息处理函数。

调用父窗口（对话框）的 CWnd::OnCtrlColor()成员函数来实现对文本编辑框控件重新着色。具体实现方法是在 CmyeditDlg 类中重载 OnCtlColor()成员函数，在此函数中添加代码，指定文本控件颜色的属性，方法如下：在"对话框设计界面"选择"项目"→"类向导"菜单项，打开"类向导"对话框，切换到"消息"选项卡，在"消息"列表框中选择 WM_CTLCOLOR，单击右边的"添加处理程序"按钮打开"添加成员函数"对话框，接受默认的函数名得到 OnCtlColor()函数，如图 3.19 所示。单击"编辑代码"按钮，在弹出的代码窗口添加如下代码：

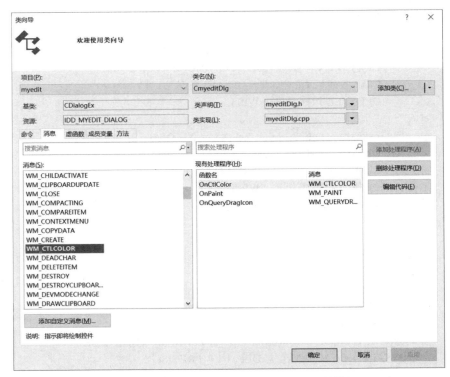

图 3.19　"类向导"对话框（OnCtlColor()函数）

```
HBRUSH CmyeditDlg::OnCtlColor(CDC* pDC, CWnd* pWnd, UINT nCtlColor)
{
    HBRUSH hbr = CDialog::OnCtlColor(pDC, pWnd, nCtlColor);
    // TODO: Change any attributes of the DC here
    //如果要设置颜色的控件是文本框 IDC_EDIT1
    if(pWnd->GetDlgCtrlID()==IDC_EDIT1)
    {
        UpdateData(true);                      //更新 m_Red_Edit 等与文本编辑框连接的变量
        pDC->SetBkMode(TRANSPARENT);           //设置透明背景
        pDC->SetTextColor(RGB(m_Red_Edit,m_Green_Edit,m_Blue_Edit));
        // TODO: Return a different brush if the default is not desired
    }
    return hbr;
}
```

　　添加成员函数 OnChangeRed、OnChangeGreen、OnChangeBlue，动态响应微调控件的颜色设置。方法如下：在"对话框设计界面"选择"项目"→"类向导"菜单项，打开"类向导"对话框，在"命令"选项卡的"对象 ID"列表框中选择 IDC_Red，在"消息"列表框中选择 EN_CHANGE 消息（默认），单击"添加处理程序"按钮打开"添加成员函数"对话框，接受默认的函数名得到 OnChangeRed 函数，单击"编辑代码"按钮，在弹出的代码窗口输入以下代码完成 OnChangeRed 函数的创建。

```
void CmyeditDlg::OnChangeRed()
{
    if(fontText.GetSafeHandle()!=NULL)      //如果 fontText 已创建
    {
        m_TextFont.SetFont(&fontText,true);
        //设置字体，向父窗口发送 WM_CTRLCOLOR 消息
    }
}
```

用同样的方法完成 OnChangeGreen 和 OnChangeBlue 函数的创建，其代码如下：

```
void CmyeditDlg::OnChangeGreen()
{
    if(fontText.GetSafeHandle()!=NULL)          //如果 fontText 已创建
    {
        m_TextFont.SetFont(&fontText,true);
        //设置字体，向父窗口发送 WM_CTRLCOLOR 消息
    }
}


void CmyeditDlg::OnChangeBlue()
{
    if(fontText.GetSafeHandle()!=NULL)          //如果 fontText 已创建
    {
        m_TextFont.SetFont(&fontText,true);
        //设置字体，向父窗口发送 WM_CTRLCOLOR 消息
    }
}
```

程序运行结果如图 3.20 所示。

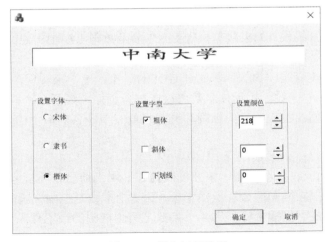

图 3.20　程序运行结果

3.4 MFC 与绘图

Windows 应用程序的图形设备接口（Graphics Device Interface，GDI）被抽象化为设备环境（Device Context，DC）。设备环境又可称为设备描述表或设备文本，是 Windows 应用程序与设备驱动程序和输出设备（显示器和打印机等）之间的连接桥梁。在 Windows 应用程序向窗口用户区输出信息前，必须先获得一个设备环境对象，如果没有获得设备环境对象，则应用程序和相应信息输出窗口之间就没有任何通道。

在 MFC 类库中，CDC 类是定义设备环境对象的类，所有的绘图函数都在 CDC 类中定义，因此，CDC 类是所有其他 MFC 设备环境的基类，任何类型的设备环境对象都可以调用这些绘图函数。

要在 Windows 程序中输出图形或文字，首先要调用该输出对象的设备环境，然后才运行与之相对应的 CDC 类的成员函数进行绘图，屏幕画面的图形坐标系在默认情况下，设屏幕左上角的坐标值为(0,0)，坐标系的逻辑单位为像素。最后要将设备环境释放给 Windows，恢复原来的状态以备下次调用。

1. 屏幕绘图的主要函数

CDC 类的主要绘图成员函数有以下 7 种。

（1）CDC::SetPixel 函数。执行该函数可以在屏幕画面上显示一个点。其基本调用格式如下：

```
pDC->SetPixel(x,y,RGB(0,0,255));
```

SetPixel()函数中的第 1、2 个参数为拟画点在屏幕上的显示坐标，第 3 个参数为拟画点颜色的 COLORREF 型变量。该例句的执行结果是在屏幕画面的(x,y)处显示一个蓝点。

（2）CDC::MoveTo 函数和 CDC::LineTo 函数。执行这两个函数可以在屏幕画面上显示一条直线，其基本调用格式如下：

```
pDC->MoveTo(x1,y1);
pDC->LineTo(x2,y2);
```

由 MoveTo()函数确定直线的起始位置(x1,y1)，再由 LineTo()函数指定直线的终点(x2,y2)，最后得到所要绘制的直线段。如果接着执行 LineTo()函数则可绘制出连续的折线段。这两个例句的执行结果是在屏幕画面坐标系中连接点(x1,y1)与点(x2,y2)绘制出一直线段。绘制直线段的函数不指定颜色，要改变线段的颜色可通过 GDI 的对象"笔"来实现。

（3）CDC::Ellipse 函数。执行该函数可以在屏幕画面上显示一个椭圆（或圆，圆是一种长半轴和短半轴相等的椭圆，所以绘制圆和椭圆只要一个设备环境类的成员函数）。其基本调用格式如下：

```
pDC->Ellipse(x1,y1,x2,y2);
```

Ellipse()函数用当前设备环境刷子填充椭圆内部并用当前设备环境笔画椭圆的边线，该函数中的第 1 个参数是拟画椭圆的最左点横坐标，第 2 个参数是拟画椭圆的最上点纵坐标，第 3 个参数是拟画椭圆的最右点横坐标，第 4 个参数是拟画椭圆的最下点纵坐标。

（4）CDC::FillRect 函数。执行该函数可以在屏幕画面上显示一个矩形。其基本调用格式如下：

```
pDC->FillRect(CRect(point.x1,point.y1,point.x2,point.y2),&newBrush);
```

FillRect()函数用当前设备环境刷子填充矩形内部（不画边线）。该函数中的第 1 个参数为拟画矩形的左上点和右下点的 CRect 类型参数(其中的 4 个值分别为拟画矩形的左上点横坐标和纵坐标、右下点横坐标和纵坐标)，第 2 个参数是为画此矩形所定义的刷子的对象（名称）。

（5）CDC::Rectangle 函数。执行该函数可以在屏幕画面上显示一个矩形。其基本调用格式如下：

```
pDC->Rectangle(x1,y1,x2,y2);
```

Rectangle()函数用当前设备环境刷子填充矩形内部并用当前设备环境笔画矩形的边线。该函数中的第 1 个参数和第 2 个参数分别是拟画矩形的左上点横坐标和纵坐标,第 3 个参数和第 4 个参数分别是拟画矩形的右下点横坐标和纵坐标。

（6）CDC::Polygon 函数。执行该函数可以在屏幕画面上显示一个多边形，其基本调用格式如下：

```
pDC->Polygon(pt,5);
```

Polygon()函数用当前设备环境刷子填充多边形内部并用当前设备环境笔画多边形的边线。该函数中的第 1 个参数为 CPoint 类对象的数组，第 2 个参数为数组的元素个数，此例句中的 pt 即为 CPoint 的对象数组 pt[5]。该例句的执行结果是在屏幕画面上显示一个五边形，此五边形是用直线将 (pt[0].x,pt[0].y)、 (pt[1].x,pt[1].y)、 (pt[2].x,pt[2].y)、 (pt[3].x,pt[3].y)、 (pt[4].x,pt[4].y)等五个点首尾顺序连接而成的。

多边形的内部填充有两种模式：WINDING 和 ALTERNATE，默认情况下为 ALTERNATE 模式。当填充模式设置为 WINDING 时，系统将填充整个多边形区域；当填充模式为 ALTERNATE 时，系统将填充在每条扫描线奇数号和偶数号多边形之间的区域。调用 CDC::SetPolyFillMode()函数可以对多边形进行填充模式的设置，其调用格式如下：

```
pDC->SetPolyFillMode(WINDING);
```

或

```
pDC->SetPolyFillMode(ALTERNATE);
```

（7）CDC::Arc 函数。执行该函数可以在屏幕画面上显示一段圆弧线，其基本调用格式如下：

```
pDC->Arc((x0-r),(y0+r),(x0+r),(y0-r),x1,y1,x2,y2);
```

Arc()函数中的第 1、2 个参数和第 3、4 个参数分别为圆弧线所在圆的外切矩形的左上顶点坐标((x0-r),(y0+r))和右下顶点坐标((x0+r),(y0-r))，第 5 个和第 6 个参数为圆弧线段起点坐标(x1,y1)，第 7 个和第 8 个参数为圆弧线段终点坐标(x2,y2)。如果把起点和终点取为同一个点，则画出一封闭圆。

2．坐标设定

绘图函数都需要指定坐标值,即其所绘图形是在某个具体的坐标系中显示的。Visual Studio 系统提供了不同的坐标设定（映射）模式，见表 3.4。

表 3.4　Visual Studio 系统的常见映射模式

映射模式	代码坐标单位长度	坐标系特征
MM_TEXT	1px	设备坐标。屏幕左上角为坐标原点，X 轴向向右，Y 轴向向下
MM_LOMETRIC	0.1mm	逻辑坐标。坐标原点位置可自由设置，X 轴向向右，Y 轴向向上
MM_HIMETRIC	0.01mm	逻辑坐标。坐标原点位置可自由设置，X 轴向向右，Y 轴向向上

在默认情况下，设备环境使用 MM_TEXT 映射模式，该映射模式下的视图窗口坐标为设备坐标，其坐标系原点在用户窗口的左上角点，X 轴向水平向右，Y 轴向垂直向下，基本单位为一个像素，坐标值必须是正整数值。

以映射模式代码为参数，通过调用 CDC::SetMapMode()函数即可选定窗口屏幕的坐标系（设定映射模式）。映射模式设定后，GDI 内部的映射机制将把传给绘图函数的坐标值转换成设备坐标值（像素），从而在屏幕用户窗口区显示相应的图形。通过调用 CDC::SetViewportOrg()可以设定坐标系的原点位置。

设置一个屏幕逻辑坐标系的典型语句如下：

```
CRect rect;                                    //定义一个 CRect 类对象 rect
GetClientRect(&rect);                          //得到一个视图窗口的矩形边界，
                                               //其结果值保存在 CRect 对象 rect 中
pDC->SetMapMode(MM_LOMETRIC);                  //设定映射模式
pDC->SetViewportOrg(int(rect.right/2),int(rect.bottom/2));
                                               //把逻辑坐标系的原点设在用户窗口的中心（点）
```

3. 画笔的使用

Visual Studio 中的画笔用来绘制直线、曲线或填充图形的边线，是 Windows 图形设备接口对象之一。在使用 Visual Studio 的画笔之前必须先创建或选择画笔对象，使用 CPen 类的成员函数 CreatePen()可以创建一支笔，而调用 CDC::SelectStockObject()可以选择一支库笔。

创建一支笔的典型语句如下：

```
CPen Mypen;                                    //定义一个画笔对象 Mypen
CPen* poldPen;                                 //定义一个 CPen 类对象指针 poldPen
Mypen.CreatePen(PS_SOLID,1,RGB(255,0,0));      //生成对应于 Mypen 的笔的 GDI 对象
poldPen=pDC->SelectObject(&Mypen);             //把设备环境的笔调换成新生成的笔 Mypen
                                               //同时返回指向原设备环境的笔的指针 poldPen
pDC->SelectObject(poldPen);                    //恢复原来的设备环境笔
Mypen.DeleteObject();                          //把 Mypen 管理的笔的 GDI 对象从系统内存中消除
```

4. 刷子的使用

Visual Studio 中的刷子用来给图形内部着色，它也是 Windows 图形设备接口对象之一。在使用 Visual Studio 的刷子之前必须先创建或选择刷子对象。使用 CBrush 类的成员函数 CreateSolidBrush()或 CreateHatchBrush()可以创建一支刷子，而调用 CDC::SelectStockObject()可以选择一支库刷子。

创建一支刷子的典型语句如下：

```
CBrush Mybrush;                                //定义一个刷子对象 Mybrush
CBrush* poldBrush;                             //定义一个 CBrush 类对象指针 poldBrush
Mybrush.CreateSolidBrush(RGB(255,0,0));        //生成对应于 Mybrush 的刷子的 GDI 对象
poldBrush=pDC->SelectObject(&Mybrush);         //把设备环境刷子调换成新刷子 Mybrush
                                               //同时返回指向原设备环境刷子的指针 poldBrush
pDC->SelectObject(poldBrush);                  //恢复原来的设备环境刷子
Mybrush.DeleteObject();             //把 Mybrush 管理的刷子的 GDI 对象从系统内存中消除
```

5. 实例

下面的实例是在窗口中绘制一些常见的图形，通过该例介绍图形绘制的一般方法。

（1）建立 MyFigure 应用程序框架。选择"文件"→"新建"→"项目"菜单项，打开"创建新项目"窗口，在模板列表框中选择"MFC 应用"选项，单击"下一步"按钮，进入项目配置窗口，输入项目名称 MyFigure 并选择好项目文件存储的文件夹，单击"创建"按钮打开"MFC 应用程序"对话框。在该对话框下设置应用程序类型为"单个文档"，单击"完成"按钮完成应用程序 MyFigure 框架的建立。

（2）添加 MFC 计算类头文件预编译指令。在应用程序 MyFigure 的视图类实现文件 MyFigureView.cpp 的第 5 行之后添加 MFC 计算类头文件 math.h 预编译指令。添加后 MyFigureView.cpp 文件的前 6 行局部形式如下：

```
// MyFigureView.cpp : of the CMyFigureView 类的实现
#include "stdafx.h"
#include "MyFigure.h"
#include "MyFigureDoc.h"
#include "MyFigureView.h"
#include "math.h"                        //用户添加
```

（3）添加各图形绘制子函数的声明。在应用程序 MyFigure 的视图类头文件 MyFigureView.h 中添加各绘图成员函数的声明，完成后的代码如下：

```
class CMyfigureView : public CView
{
    //此处省掉系统生成的若干源代码
    public:
    //实现
    void MyFillRect(CDC* pDC,COLORREF color,CPoint point,int length,int width);
    void MyRectangle(CDC* pDC,int x1,int y1,int x2,int y2,COLORREF color);
    void MyLine(CDC* pDC,int x1,int y1,int x2,int y2,int line_width,COLORREF line_color);
    void MyEllipse(CDC* pDC,int x0,int y0,int radius,COLORREF color);
    void MyArc(CDC* pDC,int x0,int y0,int radius,double r_start,double r_end,
               int width,COLORREF color);
    void MyPolygon(CDC* pDC,int x0,int y0,COLORREF color);
    //此处省掉系统生成的若干源代码
}
```

（4）写入各图形绘制子函数的程序代码。

在应用程序 MyFigure 的视图类实现文件 MyFigureView.cpp 的最后写入各图形绘制子函数的程序代码。

画矩形填充图形子函数（不画边界线），调用该子函数可以在指定位置显示一个指定大小和颜色的矩形填充图形，程序代码如下：

```
void CMyFigureView::MyFillRect(CDC* pDC,COLORREF color,CPoint point,int length,int width)
{
    //参数意义：刷子的颜色 color，矩形的左上点 point，矩形长度 length，矩形宽度 width
    CBrush my_brush(color);            //定义刷子的一个对象，并将该对象初始化
    CBrush* brush0;                    //定义一个 CBrush 类对象的指针
    brush0 =pDC->SelectObject(&my_brush);
    //把设备环境的刷子调换成新生成的刷子，同时返回指向原设备环境的刷子的指针
```

```
        pDC->FillRect(CRect(point.x,point.y,point.x+length,point.y+width),&my_brush);
        //用当前刷子画矩形，不画边线
        pDC->SelectObject(brush0);                    //恢复原来的设备环境刷子
        my_brush.DeleteObject();                      //释放用户定义的刷子
    }
```

画矩形填充图形子函数（画边界线），程序代码如下：

```
    void CMyFigureView::MyRectangle(CDC* pDC,int x1,int y1,int x2,int y2,COLORREF color)
    {
        //参数意义：左上点(x1,y1)，右下点(x2,y2)，刷子的颜色 color
        CBrush my_brush;                              //定义刷子的一个对象
        CBrush* brush0;                               //定义一个 CBrush 类对象的指针
        CPen* my_pen;                                 //定义一个 CPen 类对象的指针
        my_pen=(CPen*)pDC->SelectStockObject(NULL_PEN);
        //在设备环境中分配一支透明库笔，同时返回指向原设备环境的笔的指针
        //该透明笔用于画矩形的边线（不显示边线），默认状态下系统将用黑笔画矩形边线
        my_brush.CreateSolidBrush(color);             //生成对应于 my_brush 的刷子的 GDI 对象
        brush0=pDC->SelectObject(&my_brush);
        //把设备环境的刷子调换成新生成的刷子，同时保存原设备环境的刷子的指针
        pDC->Rectangle(x1,y1,x2,y2);                  //用当前刷子画矩形，用当前笔画边线
        pDC->SelectObject(my_pen);                    //释放库笔，恢复原来的设备环境笔
        pDC->SelectObject(brush0);                    //恢复原来的设备环境刷子
        my_brush.DeleteObject();                      //释放用户刷子
    }
```

画实直线子函数，调用该子函数可以在指定位置显示一条指定粗细和颜色的直线段。程序代码如下：

```
    void  CMyFigureView::MyLine(CDC*  pDC,int  x1,int  y1,int  x2,int  y2,int  line_width,COLORREF
    line_color)
    {
        //参数意义：起点(x1,y1)，终点(x2,y2)，线宽 line_width，线色 line_color
        CPen my_pen;                                  //定义笔的一个对象
        CPen* pen0;                                   //定义一个 CPen 类对象的指针
        my_pen.CreatePen(PS_SOLID,line_width,line_color);
        //生成对应于 my_pen 的笔的 GDI 对象
        pen0=pDC->SelectObject(&my_pen);
        //把设备环境的笔调换成新生成的笔，同时返回指向原设备环境的笔的指针
        pDC->MoveTo(x1,y1);                           //直线的起点
        pDC->LineTo(x2,y2);                           //直线的终点
        pDC->SelectObject(pen0);                      //恢复原来的设备环境笔
        my_pen.DeleteObject();                        //释放 my_pen
    }
```

画圆填充图形子函数，用该子函数可以在指定位置显示一个指定半径和颜色的圆形填充图形。程序代码如下：

```
    void CMyFigureView::MyEllipse(CDC* pDC,int x0,int y0,int radius,COLORREF color)
    {
```

```
    //参数意义：圆心位置(x0,y0)，半径 radius，颜色 color
    CBrush my_brush;                    //定义刷子的一个对象
    CBrush* brush0;                     //定义一个 CBrush 类对象的指针
    CPen* my_pen;                       //定义一个 CPen 类对象的指针
    my_pen=(CPen*)pDC->SelectStockObject(NULL_PEN);
    //在设备环境中分配一支透明库笔，同时返回指向原设备环境的笔的指针
    //该透明笔用于画圆的边线，默认状态下系统将用黑笔画圆的边线
    my_brush.CreateSolidBrush(color);   //生成对应于 my_brush 的刷子的 GDI 对象
    brush0=pDC->SelectObject(&my_brush);
    //把设备环境的刷子调换成新生成的刷子，同时返回指向原设备环境的刷子的指针
    pDC->Ellipse(x0-radius,y0-radius,x0+radius,y0+radius);
    //用当前刷子画圆，用当前笔画边线
    pDC->SelectObject(my_pen);          //释放库笔，恢复原来的设备环境笔
    pDC->SelectObject(brush0);          //恢复原来的设备环境刷子
    my_brush.DeleteObject();            //释放用户定义的刷子
}
```

画圆弧线段子函数，调用该子函数可以在指定位置显示一条圆弧线段。程序代码如下：

```
void  CMyFigureView::MyArc(CDC*  pDC,int  x0,int  y0,int  radius,double  r_start,double  r_end,int
width,COLORREF   color)
{
    //参数意义：圆心位置(x0,y0)，半径 radiu，起点角度值 r_start，终点角度值 r_end，线粗细 width，
    //颜色 color
    CPen my_pen;                            //定义笔的一个对象
    CPen* pen0;                             //定义一个 CPen 类对象的指针
    double px0, py0, pxd, pyd, PI;
    PI=3.1415;                              //圆周率
    px0=radius*cos(r_start*PI/180.0)+x0;py0=radius*sin(r_start*PI/180.0)+y0;
    //起点坐标值
    pxd=radius*cos(r_end*PI/180.0)+x0;pyd=radius*sin(r_end*PI/180.0)+y0;    //终点坐标值
    my_pen.CreatePen(PS_SOLID,width,color);     //生成对应于 my_pen 的笔的 GDI 对象
    pen0=pDC->SelectObject(&my_pen);
    //把设备环境的笔调换成新生成的笔，同时返回指向原设备环境的笔的指针
    pDC->Arc((x0-radius),(y0+radius),(x0+radius),(y0-radius),int(px0),int(py0),int(pxd),int(pyd));
    //圆弧线函数
    pDC->SelectObject(pen0);                //恢复原来的设备环境笔
    my_pen.DeleteObject();                  //释放 my_pen
}
```

画五角星填充图形子函数，调用该子函数可以在指定位置显示一个指定颜色的五角星填充图形。程序代码如下：

```
void CMyFigureView::MyPolygon(CDC* pDC,int x0,int y0,COLORREF color)
{
    //参数意义：中心点坐标(x0,y0)，颜色 color
    CPoint pt[6];                           //定义顶点数组
```

```
        CBrush my_brush;                          //定义刷子的一个对象
        CBrush* brush0;                           //定义一个 CBrush 类对象的指针
        CPen* my_pen;                             //定义一个 CPen 类对象的指针
        my_brush.CreateSolidBrush(color);        //生成对应于 my_brush 的刷子的 GDI 对象
        brush0=pDC->SelectObject(&my_brush);     //把设备环境的刷子调换成新生成的刷子
        //同时返回指向原设备环境的刷子的指针
        my_pen=(CPen*)pDC->SelectStockObject(NULL_PEN);
        //在设备环境中分配一支透明库笔，同时返回指向原设备环境的笔的指针
        //该透明笔用于画多边形的边线，默认状态下系统将用黑笔画多边形边线
        double Angle=(720.0/57.295)/5;           //顶点角度
        for(int i=0;i<5;i++)
        {
            //计算 5 个顶点的坐标值
            pt[i].x=x0+int(sin(double(i)*Angle)*300.0);
            pt[i].y=y0+int(cos(double(i)*Angle)*300.0);
        }
        pDC->SetPolyFillMode(WINDING);           //该填充模式下，系统填充整个多边形区域
        pDC->Polygon(pt,5);                      //多边形绘制函数
        pDC->SelectObject(brush0);               //恢复原来的设备环境刷子
        my_brush.DeleteObject();                 //释放 my_brush
        pDC->SelectObject(my_pen);               //释放库笔，恢复原来的设备环境笔
    }
```

（5）设置逻辑坐标并调用各图形绘制子函数。

在 MyFigureView.cpp 文件的绘制函数 OnDraw 中设置逻辑坐标系并调用各图形绘制子函数。程序代码如下：

```
    void CMyFigureView::OnDraw(CDC* pDC)
    {
        CMyFigureDoc* pDoc = GetDocument();
        ASSERT_VALID(pDoc);
        // TODO: add draw code for native data here
        CRect rect;                                         //定义一个 CRect 类的对象
        GetClientRect(&rect);                               //得到一个视图窗口的矩形边界
        pDC->SetMapMode(MM_LOMETRIC);                       //设定影射模式
        pDC->SetViewportOrg(int(rect.right/2),int(rect.bottom/2));  //设定坐标原点
        MyFillRect(pDC, RGB(255, 0, 0), (0, 0), 550, 350);  //矩形面（1）子函数
        MyRectangle(pDC, -300, 0, 0, -500, RGB(100, 110, 120)); //矩形面（2）子函数
        MyEllipse(pDC, 300, -300, 200, RGB(0, 255, 0));     //圆面子函数
        MyPolygon(pDC, -300, 300, RGB(0, 0, 255));          //五角星子函数
        MyLine(pDC, -600, 300, 600, -300, 4, RGB(255, 0, 0)); //实直线子函数
        MyLine(pDC, -600, -300, 600, 300, 4, RGB(0, 255, 0)); //实直线子函数
        MyArc(pDC, 100, 0, 800, 140, 220, 4, RGB(0, 0, 0));  //圆弧线段子函数
        MyArc(pDC, -100, 0, 800, -40, 40, 4, RGB(0, 0, 0));  //圆弧线段子函数
    }
```

编译、连接后，运行该程序，结果如图 3.21 所示。

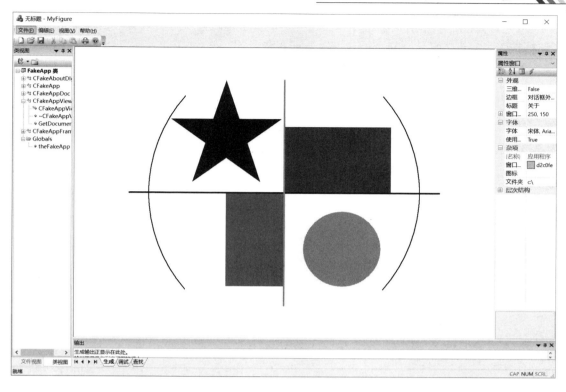

图 3.21　绘图程序运行结果

3.5　综合设计题

1. 兴趣爱好显示

设计一个如图 3.22 所示的"显示信息"对话框程序。当单击"确定"按钮后，在右边的编辑框中显示有关信息。

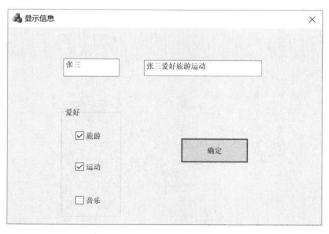

图 3.22　"显示信息"对话框

（1）首先创建一个对话框程序框架，然后放置各控件，进行属性设计，各文本编辑框和复选框按表 3.5 连接变量，其余控件不需要连接变量。

表 3.5　与控件连接的变量

控件	标题	变量名	变量类别	变量类型
左文本编辑框	无	m_e1	Value	CString
右文本编辑框	无	m_e2	Value	CString
复选框	旅游	m_c1	Value	BOOL
	运动	m_c2	Value	BOOL
	音乐	m_c3	Value	BOOL

（2）"确定"按钮的消息处理函数如下：

```
void CEx03Dlg::OnButton1()
{
    // TODO: Add your control notification handler code here
    UpdateData(true);
    CString s;
    s=m_e1;
    s+= _T(" 爱好 ");
    if (m_c1)    s+= _T(" 旅游 ");
    if (m_c2)    s+= _T(" 运动 ");
    if (m_c3)    s+= _T(" 音乐 ");
    m_e2=s;
    UpdateData(false);
}
```

2．简易计算器

编写一个进行算术运算的计算器程序，界面如图 3.23 所示。

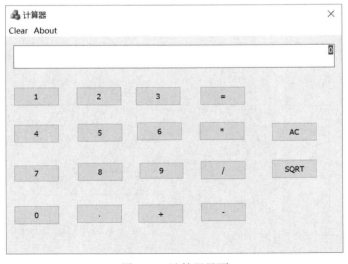

图 3.23　计算器界面

建立工程文件 calc_mfc，主要的控件及与控件连接的变量见表 3.6。

表 3.6　控件及与控件连接的变量

控件 ID	Caption	连接变量名称	变量类型	备注
IDC_EDIT1		m_dNum	Double（Value）	编辑框
IDC_BTN_0	0			按钮
IDC_BTN_1	1			按钮
IDC_BTN_2	2			按钮
IDC_BTN_3	3			按钮
IDC_BTN_4	4			按钮
IDC_BTN_5	5			按钮
IDC_BTN_6	6			按钮
IDC_BTN_7	7			按钮
IDC_BTN_8	8			按钮
IDC_BTN_9	9			按钮
IDC_BTN_DOT	.			按钮
IDC_BTN_ADD	+			按钮
IDC_BTN_SUB	-			按钮
IDC_BTN_MUL	*			按钮
IDC_BTN_DIV	/			按钮
IDC_BTN_SQRT	SQRT			按钮
IDC_BTN_EQUAL	=			按钮
IDC_BTN_AC	AC			按钮

（1）在 IDC_EDIT1 属性窗口的 "对齐文本" 属性中，将排列文本设置为 Right。

（2）打开 calc_mfcDlg.h 头文件，在 CcalcmfcDlg 类的定义中添加如表 3.7 所列的成员变量。

表 3.7　新增加的成员变量

变量名称	变量类型	变量属性
m_nDotNo	int	public
m_nDotSign	int	public
m_dPre	double	public
m_dCur	double	public
m_strPre	CString	public
m_strCur	CString	public

（3）在 calc_mfcDlg.cpp 的 OnInitDialog() 函数中添加如下代码将变量初始化。

```
m_dPre=0;
m_dCur=0;
m_strPre=_T("");
m_strCur=_T("");
m_nDotSign=0;
m_nDotNo=0;
m_dNum=0;
```

（4）通过 MFC 的"建立类向导"向 CcalcmfcDlg 类添加各按钮的 BN_CLICKED 消息处理函数，见表 3.8。

表 3.8　各按钮对应的消息处理函数

按钮的 ID 值	消息函数名	按钮的 ID 值	消息函数名
IDC_BTN_0	OnClickedBtn0()	IDC_BTN_8	OnClickedBtn8()
IDC_BTN_1	OnClickedBtn1()	IDC_BTN_9	OnClickedBtn9()
IDC_BTN_2	OnClickedBtn2()	IDC_BTN_ADD	OnBtnAdd()
IDC_BTN_3	OnClickedBtn3()	IDC_BTN_SUB	OnBtnSub()
IDC_BTN_4	OnClickedBtn4()	IDC_BTN_MUL	OnBtnMul()
IDC_BTN_5	OnClickedBtn5()	IDC_BTN_DIV	OnBtnDiv()
IDC_BTN_6	OnClickedBtn6()	IDC_BTN_DOT	OnBtnDot()
IDC_BTN_7	OnClickedBtn7()	IDC_BTN_EQUAL	OnBtnEqual()

（5）因为程序中用到了一些数学函数，所以在 calc_mfcDlg.cpp 开始处添加包含语句 #include "math.h"。

（6）在 calc_mfcDlg.cpp 源程序文件的末尾添加公有成员函数 SetNum。这是为了处理 0～9 这些数字按钮消息，每个消息用自己的值作为参数，调用这个成员函数，代码如下：

```
void CcalcmfcDlg::SetNum(int i)
{
    if (m_strPre == "=")
        m_dPre = 0;
    if (m_strCur == _T(""))
    {
        if (m_nDotSign == 1)
        {
            m_dCur = m_dCur + i / (pow(10, m_nDotNo));
            m_nDotNo++;
        }
        else
            m_dCur = m_dCur * 10 + i;
    }
    else
    {
        m_dCur = 0;
        if (m_nDotSign == 1)
```

```
                {
                    m_dCur = m_dCur + i / 10;
                    m_nDotNo++;
                }
                else
                    m_dCur = m_dCur * 10 + i;
            }
            m_dNum = m_dCur;
            UpdateData(false);          //更新与变量连接的文本编辑框的值
            m_strCur = _T("");
        }
```

在 calc_mfcDlg.h 文件的 CcalcmfcDlg 类中添加成员函数的声明：void SetNum(int);。

OnBtn0()～OnBtn9()消息处理函数简单地调用 SetNum 函数即可，如 OnBtn0()函数的代码如下：

```
        void CcalcmfcDlg::OnClickedBtn0()
        {
            // TODO: Add your control notification handler code here
            SetNum(0);
        }
```

（7）在 calc_mfcDlg.cpp 源程序文件的末尾添加公有成员函数 process()，同时在 calc_mfcDlg.h 文件的 CcalcmfcDlg 类中添加成员函数的声明：void process()。

计算器程序的关键是计算的顺序，当按下运算符键（+、-、*、/等）时，它的右操作数还是未知的，因此要保存当前的运算符选择，然后输入要操作的数字，这一数字也要保存，等到下一次按下某个运算符时再将原来保存的运算符和数字进行运算，如此循环，直到按下"＝"为止。

```
        void CcalcmfcDlg::process()
        {
            if(m_strPre=="+") m_dPre+=m_dCur;
            if(m_strPre=="-") m_dPre-=m_dCur;
            if(m_strPre=="*") m_dPre*=m_dCur;
            if(m_strPre=="/"){
            if(m_dCur==0)   m_dCur=1;
            m_dPre/=m_dCur;
            }
        }
```

这里仅仅将为 0 的除数强迫设置为 1，可以自行设置出错处理。

下面是"加法"按钮的消息处理程序。

```
        void CcalcmfcDlg::OnClickedBtnAdd()
        {
            // TODO: Add your control notification handler code here
            if (m_dPre == 0)
            {
                if (m_strPre == "-")
                    m_dPre = -m_dCur;
```

```
        else
            if (m_strPre == "*" || m_strPre == "/")
                m_dPre = = 0;
            else
                m_dPre = m_dCur;
    }
    else
        process();
    m_strPre = _T("+");
    m_strCur = m_strPre;
    m_dNum = m_dPre;
    m_dCur = 0;
    m_nDotSign = 0;
    m_nDotNo = 0;
    UpdateData(false);
}
```

其他消息处理程序只是将运算符"+"换为相应的"-""*""/""="即可。SQRT 的消息处理请自行完成。

（8）小数点的消息处理函数。

"."不是运算符，它的消息处理函数如下：

```
void CcalcmfcDlg::OnClickedBtnDot()
{
    // TODO: Add your control notification handler code here
    m_nDotSign=1;
    m_nDotNo=1;
}
```

（9）AC 按钮的消息处理函数。

AC 按钮的功能是清零，请参考初始化代码完成该函数。

（10）在对话框窗口中添加菜单。

1）右击资源视图中的 calcmfc.rc 图标，在弹出的快捷菜单中选择"添加资源"菜单项，在"添加资源"对话框中选择 Menu 选项，单击"新建"按钮创建菜单 IDR_MENU1，在菜单编辑器窗口中建立两个菜单项 Clear 和 About，其 ID 分别为 menu_id1 和 menu_id2。

为菜单定义消息处理函数，右击菜单编辑器中的 Clear 菜单项，在弹出的快捷菜单中选择"添加事件处理程序"菜单项打开"事件处理程序"对话框，在对话框中单击"类列表"下拉按钮，选择 CcalcmfcDlg 类，消息类型为 COMMAND，函数名用默认的 OnClear，单击"确定"按钮在 calc_mfcDlg.cpp 中自动生成 OnClear()函数框架，Clear 的消息处理函数代码如下：

```
void CcalcmfcDlg::OnClear()
{
    // TODO: Add your command handler code here
    OnClickedBtnAc();
}
```

用同样的方法为 About 菜单项添加消息处理函数，About 的消息处理函数代码如下：

```
void CcalcmfcDlg::OnAbout()
{
```

```
    // TODO: Add your command handler code here
    CAboutDlg dlg;
    dlg.DoModal();
}
```

2）将菜单和对话框关联，单击"计算器对话框"窗口（可在右边的资源视图界面依次展开图标 calc_mfc→calcmfc.rc→Dialog，双击 IDD_CALC_MFC_DIALLOG 图标打开"计算器对话框"窗口）的空白处选中该窗口，在右下角的"属性"窗口中设置"计算器对话框"窗口的"菜单"属性，在其下拉列表中选择刚才创建的菜单 ID，如图 3.24 所示。

图 3.24　对话框属性窗口

3. 简易绘图程序

创建一个单文档窗口应用程序 draw_circle，在菜单中增加一个"图形参数设置"菜单项（图 3.25），执行该菜单项可以弹出一个对话框设置需要绘制的圆的圆心及填充颜色（图 3.26）。退出对话框后可在文档窗口区绘制出相应的圆。

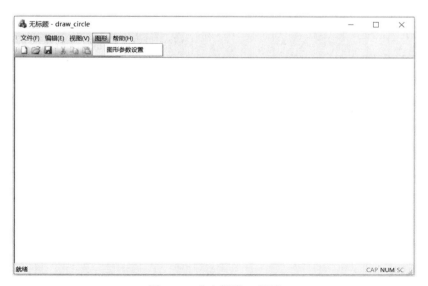

图 3.25　单文档窗口界面

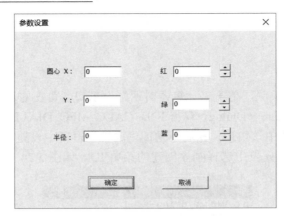

图 3.26　"参数设置"对话框

（1）创建单文档工程文件 draw_circle，为该窗口添加菜单、对话框资源。

（2）创建对话框类。新创建的对话框应有一个类与之对应并添加到工程中，在此创建 CSetDlg 类。打开新建的对话框，右击该对话框，在弹出的快捷菜单中选择"添加类"菜单项打开"添加 MFC 类"对话框，在对话框窗口中输入类名 CSetDlg，单击"确定"按钮。对话框成员及各控件属性见表 3.9。

表 3.9　对话框成员及各控件属性

控件	ID 值	属性	变量类别	变量类型	连接变量
X，y Edit	IDC_X1，IDC_Y1，IDC_Radius	默认	值	UINT	m_intX1，m_intY1 m_Radius
Red Edit	IDC_RED	默认	值	UINT	m_intRed(UINT)，
			控件	CEdit	m_editRed(Control)
Green Edit	IDC_GREEN	默认	值	UINT	m_intGreen
			控件	CEdit	m_editGreen
Blue Edit	IDC_BLUE	默认	值	UINT	m_intBlue
			控件	CEdit	m_editBlue
Red Spin	IDC_SPIN1	选中"自动结伴"及"自动结伴整数"，其余默认			m_spinRed
Green Spin	IDC_SPIN2	选中"自动结伴"及"自动结伴整数"，其余默认			m_spinGreen
Blue Spin	IDC_SPIN3	选中"自动结伴"及"自动结伴整数"，其余默认			m_spinBlue

（3）为 CdrawcircleView 视图类（在 draw_circleView.h 文件中）添加成员变量（public）：

```
int m_startx;            //圆心 x 坐标
int m_starty             //圆心 y 坐标
int m_radius;            //记录圆半径
COLORREF m_color;        //记录圆的填充颜色
```

（4）为"图形参数设置"菜单项添加消息处理函数 OnSet（注意在 draw_circleView.cpp 中添加"#include CsetDlg.h"），其代码如下：

```
void CdrawcircleView::OnSet()
{
    // TODO: Add your command handler code here
    CsetDlg dlg;
    if((dlg.DoModal())==IDOK){
        m_color = RGB(dlg.m_intRed, dlg.m_intGreen, dlg.m_intBlue);
        m_startx = dlg.m_intX1 ;
        m_starty = dlg.m_intY1;
        m_radius = dlg.m_Radius;          //圆半径
    }
    Invalidate();                         //使视图重画，调用 OnDraw()函数
}
```

（5）修改视图类 OnDraw()函数

```
void CdrawcircleView::OnDraw(CDC* pDC){
    CdrawcircleDoc* pDoc = GetDocument();
    ASSERT_VALID(pDoc);
    if (!pDoc)
        return;
    // TODO: 在此处为本机数据添加绘制代码
    CPen pen(PS_SOLID, 0, m_color);
    CPen* oldPen;
    oldPen = pDC->SelectObject(&pen);         //为 CDC 选中当前画笔
    CRectrect(m_startx - m_radius, m_starty - m_radius, m_startx + m_radius, m_starty + m_radius);
    pDC->Ellipse(&rect);
    pDC->SelectObject(oldPen);
}
```

4．综合练习

（1）编写一个对话框程序，设计适当的界面，输入一元二次方程 $ax^2+bx+c=0$ 的系数 a、b、c，计算并输出方程的根 x_1 和 x_2。

（2）编写一个对话框程序完成字符串转换，转换规则为：大写字母转换成小写；小写字母转换成大写；换行符和回车符不变；其余字符转换为"*"。要求在一个文本框中输入一个字符串，单击"转换"按钮，在另一个文本框中输出转换后的字符串。

（3）编写一个单文档的应用程序，并添加"绘图"菜单及"正弦""余弦""正切""余切"子菜单，单击绘图子菜单时在文档窗口区绘制出相应的曲线。

参考文献

[1] 教育部高等学校计算机基础课程教学指导委员会. 高等学校计算机基础核心课程教学实施方案[M]. 北京：高等教育出版社，2011.

[2] 杨长兴，刘卫国. C++程序设计[M]. 2版. 北京：中国水利水电出版社，2012.

[3] 刘卫国，杨长兴. C++程序设计实践教程[M]. 2版. 北京：中国水利水电出版社，2012.

[4] 教育部考试中心. 全国计算机等级考试二级教程——C++语言程序设计（2021年版）[M]. 高等教育出版社，2020.